KB115232

사라지지 말아요

일러두기

- 우리 땅에서 사라져 가는 여러 생물 가운데 환경부에서 지정한 멸종위기 야생생물 I 급 60종을 기록했습니다.
- 다음 사이트에서 멸종 위기종에 관한 전반적인 정보를 얻을 수 있습니다.

한반도의 생물다양성 누리집 https://species.nibr.go.kr/index.do

멸종위기 야생생물 포털 www.nie.re.kr/endangered_species/home/main/main.do

- 멸종 위기종을 발견했을 때 아래로 연락하면 도움을 얻을 수 있습니다.

국립생태원 멸종위기 야생생물 통합콜센터 054-680-7272 | 010-9765-7250 | Jebo@nie.re.kr

기억도감 1

사라지지 말아요

방윤희 글·그림

자연과생태

기억하면 지킬 수 있어요

새에 관심이 생기면서부터 새를 그리기 시작했습니다. 새를 바라보고 기록하다 보니 차츰 다른 생물과 자연 환경도 눈에 들어왔습니다. 그래서 멸종 위기 생물을 기록하는 이 작업도 개인적으로 의미와 보람이 있을 것 같아 시작했지만, 저는 곧 큰 혼란에 빠져 버렸습니다. 제가 멸종 위기 생물에 대해 도무지 아는 게 없더라고요. 그래도 일단 모른다는 걸 깨달았으니 이걸로 한 발 나아갈 수 있겠다 싶어 열심히 자료를 찾아보기 시작했습니다. 그러다 이상한 점을 발견했습니다. 멸종위기 야생생물 I 급이면 가장 위험한 상황에 처했다는 뜻일 텐데, 적색목록 분류를 보면 또 그렇게 위험한 상태는 아닌 것 같더라고요. 게다가 천연기념물, 보호생물 같은 말까지 더해지니, 어떤 기준으로 분류하는지도 모르겠고, 등급을 매기는 것도 이상해 보였습니다. 저는 그림만 그리면 될 줄 알았는데 점점 머리가 복잡해졌습니다.

적색목록(Red List)은 세계자연보전연맹(IUCN)에서 정한 기준과 범주를 적용해 야생 생물을 멸종 위험 단계별로 분류한 목록입니다. 분류 단계는 절멸(EX), 야생절멸(EW), 지역절멸(RE), 위급(CR), 위기(EN), 취약(VU), 준위협(NT), 관심대상(LC), 정보부족(DD), 미평가(NE), 미적용(NA)으로 나뉩니다. 흔히 멸종 위기종이라고 부르는 생물이 모두 위기(EN) 범주에 들어가는 건 아니고, 이 단계는 대개 멸종 위험성을 널리 알리고자 활용합니다. 적색목록에는 전 세계를 대상으로 평가하는 '세계적색목록'과 지역(나라) 단위에서 평가하는 '지역적색목록'이 있습니다. 당연히 각 지역(나라)마다 환경이 다르기 때문에 같은 종일이지라도 세계적색목록과 지역적색목록 단계가 일치하진 않습니다. 예를 들어 호랑이는 세계적색목록에 '위기'로 분류되지만 우리나라 적색목록에는 '지역절멸'로 올라 있습니다. 고라니는 세계적색목록에 '취약'으로 올라 있지만 우리나라에서는 유해조수로 지정되어 있습니다.

멸종위기 야생생물, 천연기념물, 해양보호생물, 희귀식물, 특산식물은 모두 우리나라에서 법으로 지정해 보호하는 '국가 보호종'에 속합니다. 각각 환경부, 문화재청, 해양수산부, 산림청이 지정한 생물이 목록에 올라 있고, 이런 생물에 관한 법률이 따로 정해져 있어서 위반할 경우 처벌이 가능합니다. 여기에서 멸종위기 야생생물은 다시 Ⅰ급, Ⅱ급으로 나뉩니다. 그런데 바로 이 부분에서 저는 Ⅰ급이면 '최고 등급 → 최고 멸종 위험 상태 → 흔치 않은 것 → 귀한 것 → 높은 가치' 이런 식으로 연결 고리를 만들고 있었습니다. 자연스럽게 제 머릿속에서는 'Ⅱ급→ 조금 덜 위험한 상태→ 덜 귀한 것'이라는 연결 고리도 만들어졌죠(글로 쓰니 유치하고 한심해 보이는데, 나중에야 저만 그런 게 아니라 다른 사람들도 이와 비슷하게 인식한다는 걸 알았습니다). 야생에서 한 생물이 사라지느냐 마느냐를 다룬 분류를 두고 지극히 인간적 관점에서 희소가치만 생각하는 저를 발견한 후, 반성하는 마음을 담아 멸종위기 야생생물 Ⅰ급 60종을 정성껏 그리기 시작했습니다.

우리나라 멸종 위기 생물 정보는 국립생물자원관에서 운영하는 '한반도의 생물다양성' 누리집과 국립생태원에서 운영하는 '멸종위기 야생생물 포털'에서 확인할 수 있습니다. 한국적색목록은, 초판은 '한국의 멸종위기 야생생물 적색자료집'으로, 2019년부터 작업 중인 개정판은 '국가생물적색자료집'으로 검색하면 자료를 볼 수 있습니다. 이런 자료는 대개 PDF로 내려받을 수 있어 간편합니다. 다만, 옆에 두고서 책처럼 볼 수 있는 자료집은 찾기가 힘들었습니다. 저는 국립생물자원관에서 펴낸 『한눈에 보는 멸종위기 야생생물』을 중고로 구매해서 봤답니다. 그나마도 2018년에 나온 개정판은 구할 수가 없어서 2014년판으로요. 멸종 위기 생물의 중요성은 점점 강조되는데, 여전히 관런 정보를 한눈에 파악할 수 있는 자료집을 저 같은 보통 시민은 쉽게 구할 수 없다는 게 무척 아쉬웠습니다.

지금까지 멸종 위기종으로 지정된 우리 생물은 267종입니다. 대부분 한국적색목록 기준 '취약' 단계 이상이기도 해서 실제 멸종 위험에 처한 생물들입니다. 이 책에서는 Ⅰ급에 속한 60종만을 다루었지만, 또 어떤 생물이 생존에 어려움을 겪고 있는지도 들여다보고 기억해 주면 좋겠습니다. 작은 씨앗 같은 그런 눈빛 하나, 마음 하나하나가 모인다면 이 땅에서 사라져 가는 생물을 조금이나마 지킬 수 있지 않을까요.

2021년 가을을 맞이하며

방윤희

‖ 차 례 ‖

생각 +

생각 +

생각 +

오래도록 이 땅에 있었던 그들

앞으로도 이 땅에 있기를

포유류
곰과
천연기념물 329호

반달가슴곰

크기는 138~192cm, 몸무게는 80~200kg입니다. 몸 전체가 광택이 나는 검은 털로 덮여 있고 앞가슴에 흰색 반달무늬가 있습니다. 개체에 따라 무늬 크기 차이가 크고 무늬가 없는 개체도 있습니다. 바위가 많은 높은 지대 산림이나, 활엽수림에서 지냅니다. 잡식성이지만 특히 과일이나 도토리를 좋아합니다. 보통 4세 이상이면 번식을 하고, 겨울잠을 자는 기간에 새끼를 낳습니다. 과거 백두대간을 따라 폭넓게 분포했으나 일제 강점기에 시행된 해수 구제 사업, 이후 잇따른 서식지 훼손, 밀렵(웅담 채취 목적) 등으로 멸종 위기 상태입니다. 지리산에서 복원 사업을 진행하고 있습니다.

포유류
사슴과

대륙사슴

*겨울털 모습

수컷

암컷

크기는 어깨 높이 70~130cm, 수컷이 암컷보다 1.5배 정도 큽니다. 여름과 겨울철 털색이 다릅니다. 여름털은 연한 황갈색에 뚜렷한 흰색 반점이 있습니다. 겨울에는 목에 갈기털이 생기고 전체적으로 어두운 갈색에 반점이 흐릿해집니다. 수컷은 큰 뿔이 자라며, 봄에 빠졌다가 다시 자라기를 반복합니다. 산림 지대에서 폭넓게 분포하며 보통 무리를 이루어 지냅니다. 나뭇잎, 나무껍질, 이끼, 풀, 버섯 등을 먹고 이른 아침과 초저녁에 많이 활동합니다. 과거에는 전국에 분포했으나 일제 강점기를 지나며 1940년대 이후로 모습을 감췄습니다. 남한에서는 지역절멸 상태입니다.

포유류
사향노루과
천연기념물 216호

사향노루

크기는 65~87cm, 몸무게는 9~11kg입니다. 암수 모두 뿔이 없고 수컷은 긴 송곳니가 입 밖으로 나와 있습니다. 털색은 전체적으로 어두운 갈색이고, 목에서부터 배까지 흰 띠 두 줄이 이어집니다. 수컷 배 쪽에는 사향주머니가 있습니다. 바위가 많은 높은 산속 숲에서 지냅니다. 보통 단독으로 생활하고 주로 어두울 때 활동합니다. 이끼, 풀, 나무순, 열매 등을 먹습니다. 개발에 따른 서식지 훼손과 특히 약재와 향료로 쓰려고 남획한 결과, 지리산 일대, 경상북도, 강원도 일부 지역에 아주 적은 수만 남아 멸종 위급 상태입니다.

포유류
소과

산양

크기는 어깨 높이 55~80cm, 몸무게는 22~32kg입니다. 털색은 전체적으로 회갈색이고 목, 꼬리, 발목, 배는 부분적으로 색이 밝습니다. 암수 모두 뒤로 굽은 원통형 뿔이 있습니다. 뿔에 있는 주름으로 나이를 짐작할 수 있습니다. 가파른 바위가 있거나 다른 동물이 접근하기 어려운 높고 험한 산악, 산림 지대에서 삽니다. 혼자 또는 적은 수가 무리 지어 생활합니다. 주로 식물 잎을 먹고 나무껍질, 이끼도 먹습니다. 과거 제주도를 제외한 전국에 분포했으나, 서식지 단절과 훼손, 밀렵 등으로 현재는 경상도와 강원도 일부 지역에 적은 수만 남아 멸종 취약 상태입니다.

포유류
족제비과
천연기념물 330호

수달

크기는 약 125cm, 몸무게는 10kg 내외입니다. 머리는 둥글납작하고 꼬리가 매우 깁니다. 털색은 전체적으로 암갈색이고 턱 아래쪽은 흰색입니다. 물 생활에 맞도록 털은 밀도가 높은 이중 구조이며 발에 물갈퀴가 있습니다. 하천을 중심으로 살며 어두울 때 많이 활동합니다. 주로 물고기를 먹지만 때에 따라 양서류, 물새 등도 먹습니다. 과거 전국 하천에 흔하게 분포했으나, 개발에 따른 서식지 파괴, 수질 오염으로 말미암은 먹이 감소와 남획, 로드킬 등으로 현재는 멸종 취약 상태입니다.

포유류
애기박쥐과
천연기념물 452호

붉은박쥐

크기는 10cm 내외, 몸무게는 15~30g입니다. 털색은 전체적으로 주황색이고 귀 가장자리, 코끝, 발은 검은색입니다. 비막은 주황색과 검은색입니다. 황금박쥐라고도 부릅니다. 활동기에는 산림에서 지내며 밤에 곤충을 잡아먹습니다. 동굴 또는 폐광에서 10월 말부터 다음 해 5월 말까지 200일 이상 겨울잠을 잡니다. 전국에 드물게 분포하고 주로 전라도, 충청도, 강원도에서 관찰됩니다. 임도 건설에 따른 산림 파괴, 자연 동굴 훼손과 폐광 입구 폐쇄 등으로 서식지가 감소해 멸종 취약 상태입니다.

포유류
애기박쥐과

작은관코박쥐

크기는 약 7.5cm, 몸무게는 약 7g으로 우리나라에 사는 박쥐 중 가장 작습니다. 털색은 전체적으로 옅은 갈색 또는 황갈색이고 비막은 어두운 갈색입니다. 코가 관처럼 생겨 관코입니다. 산림성 박쥐로 동굴이나 폐광보다는 나무 구멍, 낙엽층 사이, 나무껍질 틈, 바위 등에서 지냅니다. 낮에도 활동한다고 알려지며 곤충을 먹습니다. 제주도, 충청도, 경기도, 강원도 등에서 확인되었으나, 관찰 기록이 매우 적어 자료가 별로 없습니다. 연구가 제대로 이루어지기 전에 산림 개간, 벌채 등으로 서식지가 이미 감소해 멸종 위기 상태입니다.

여우

크기는 꼬리를 제외하고 60~78cm, 몸무게는 5~10kg입니다. 수컷이 조금 더 큽니다. 털색은 전체적으로 붉은색이고 귀 뒷면, 발 부위는 검은색, 입에서 목, 가슴 부위는 색이 밝습니다. 귀는 크고 쫑긋하며 다리가 가늘고 깁니다. 꼬리는 몸에 비해 길고 두껍습니다. 산지 숲, 마을 부근, 초원 등에서 지냅니다. 바위틈이나 굴에서 생활하며 수컷은 단독, 암컷은 가족 단위로 무리를 이룹니다. 잡식성으로 설치류를 주로 먹고 개구리, 물고기, 열매 등도 먹습니다. 1960년대까지 자주 보였으나 쥐잡기 운동의 영향, 모피를 목적으로 한 남획 등으로 멸종 위기 상태입니다. 소백산에서 복원 사업을 진행하고 있습니다.

늑대

크기는 꼬리를 제외하고 95~120cm, 몸무게는 18~80kg입니다. 개와 비슷하게 생겼으며 평소에는 꼬리를 위로 말지 않습니다. 털색은 전체적으로 밝은 갈색 또는 회색을 띠고 가슴, 배, 다리 안쪽은 흰색입니다. 서식하는 곳 풍토에 따라 털의 밀도와 색채가 달라집니다. 나무가 드문 깊은 산지에서 생활합니다. 기본적으로 무리 생활을 하고 주로 밤에 활동합니다. 사슴, 토끼, 들꿩이나 동물 사체, 열매 등을 먹습니다. 경상북도, 충청북도, 강원도, 황해도 등에서 서식 기록이 있습니다. 1960년대 이후로 사라져서 현재 남한에서는 지역절멸 상태입니다.

포유류
고양이과

스라소니

크기는 꼬리를 제외하고 84~105cm, 몸무게는 15~38kg입니다. 몸에 비해 다리가 긴 편이고 발은 크며 꼬리는 매우 짧습니다. 귀 끝으로 까만 털이 삐죽 솟은 점이 특징입니다. 옅은 갈색, 붉은 갈색 등 털색 변이가 많으며 몸에 어두운 반점이 있습니다. 개호지, 개호자라 불리던 동물이 스라소니였으리라는 의견이 있습니다. 고도가 높은 산림 지역에서 생활합니다. 혼자 지내며 주로 밤에 활동합니다. 노루, 어린 멧돼지, 토끼, 꿩 등을 먹습니다. 공식적인 기록이 없어서 서식 여부가 불투명합니다. 남한에서는 지역절멸 상태이며, 함경북도와 자강도 일대에 소수가 생존하는 것으로 알려집니다.

포유류
고양이과

표범

크기는 꼬리를 제외하고 106~180cm, 몸무게는 28~90kg입니다. 털색은 전체적으로 붉은빛이 도는 노란색이고 온몸에 검은 점무늬가 있습니다. 몸 아랫부분은 흰색이고 꼬리가 매우 깁니다. 아무르표범(한국표범, 조선표범)으로 불립니다. 높은 산림에 살고 밤에 많이 활동합니다. 보통 단독으로 생활하고 노루, 토끼, 꿩, 너구리 등을 먹습니다. 전국 산림에 서식했던 기록이 있으나 서식지 감소와 포획으로 1970년 이후 사라졌습니다. 남한에서는 지역절멸 상태입니다.

포유류
고양이과

호랑이

크기는 꼬리를 제외하고 220~330cm, 몸무게는 110~250kg입니다. 수컷이 암컷보다 훨씬 큽니다. 털색은 전체적으로 황갈색이며 턱, 가슴, 배 등 몸 아래쪽은 흰색입니다. 온몸에 검은 가로 줄무늬가 있습니다. 아무르호랑이(한국호랑이, 시베리아호랑이, 백두산호랑이)라고 부릅니다. 깊은 산림 지대에 살고 생활 반경이 매우 넓습니다. 보통 단독으로 생활하고 밤에 많이 활동합니다. 멧돼지, 사슴 등을 주로 먹고 물고기도 먹습니다. 조선 시대부터 개체수가 줄기 시작하다 1900년대 초 일제의 해수 구제 사업으로 아예 사라졌습니다. 남한에서는 지역절멸 상태이고 함경도 지방에 소수가 서식한다고 알려집니다.

반달가슴곰은 우리나라 천연기념물이자 국제적인 보호종입니다. 현재 지리산에서 복원 사업을 진행하고 있기도 하죠. 한편, 좁은 철창에서 보신용 먹거리로 길러지는 사육 곰들 또한 여전히 존재합니다. 사육 곰의 비극은 1981년 정부가 농가 소득을 증대하고자 곰 사육을 권장, 곰을 수입하면서 시작됩니다. 그리고 비극은 아직도 이어지고 있습니다. 40년 전에는 지금처럼 휴대폰으로 모든 걸 할 수 있는 세상, 달나라를 넘어 화성을 바라보는 세상은 상상도 못했습니다. 기술은 이토록 눈부시게 발전했는데, 동물에 대한 우리 의식은 몇 걸음이나 나아갔을까요?

같은 곰을 대하는 다른 태도

재료가 아닌 생명 1

대륙사슴은 흔히 꽃사슴으로 불리기도 합니다. 여름털에서 보이는 하얀 반점이 꽃처럼 예뻐서 그런가 봅니다. 그러나 우리가 동물원이나 농장에서 보는 꽃사슴은 앞서 소개한 대륙사슴과는 유전적으로 다른 종입니다. 현재 우리나라에 있는 대륙사슴은 일본과 대만에서 온 사슴입니다. 우리 땅에서 달리던 그 대륙사슴을 이제 남한에서는 볼 수 없습니다.

복원 사업을 진행하려면 정확한 유전 정보를 알아야 하는데 우리나라에서는 원종을 확보할 수 없어 북한, 중국, 러시아 등에서 원종을 들여와야 하는 상황입니다. 그러나 이것도 구제역 같은 가축 전염병 때문에 어려운 면이 있다고 합니다. 오래전처럼 우리 땅에서 대륙사슴이 달리는 모습을 기대하는 건 아무래도 당분간 힘들 것 같습니다.

한국은 세계에서 특히 녹용 소비가 많은 나라입니다. 약제로 쓰는 녹용은 새로 돋아 연한 사슴뿔을 말합니다. 과거에는 대륙사슴 뿔도 약제로 이용했습니다. 사슴뿔은 원래 매년 떨어졌다 다시 자랍니다. 자연스럽게 떨어지는 뿔을 약제로 쓰기도 하지만 대부분은 새로 자라는 뿔을 약제로 쓰려고 일부러 자릅니다. 뿔을 자른 후 일정량 받아 내는 피를 녹혈이라고 하며, 이것 또한 보신제로 씁니다.

사슴뿔을 자를 때는 마취제를 쓰고, 절단한 자리에는 지혈제를 써서 감염되지 않도록 관리합니다. 물론 그렇다고 해서 사슴이 고통스럽지 않다는 뜻은 아니겠지요. 많은 사람이 녹용의 효능에 대해 말하지만, 정작 녹용이 만들어지는 과정에서 사슴이 받는 고통에 대해서는 과연 얼마나 많은 사람이 이야기할까요?

사향노루라는 이름은 잘 몰라도 공진단이나 머스크 향 같은 단어는 많이 익숙할 거예요. 보신 약인 공진단의 재료 중 하나가 사향이고요, 사향에서 채취한 향이 머스크 향입니다(지금은 개발한 인공 향을 일반적으로 씁니다).

사향은 수컷 사향노루의 생식기와 배꼽 사이에 있는 작은 주머니(사향주머니)를 말린 것으로, 옛날부터 향료와 고급 약재로 이용해 왔습니다. 우리나라에서는 사향노루가 법정 보호 동물이기 때문에 사향주머니를 수입하는데요, 들여올 수 있는 양이 많지 않습니다. 그래서 돈이 많은 사람들에게만 소비되거나 가짜가 많습니다. 사향노루를 비롯해 비싼 값에 거래되는 동물은 밀렵, 밀수가 많아 멸종 위험이 더 높습니다.

재료가 아닌 생명 2

우리가 정말 지켜야 할 것

우리나라 수달은 유라시아수달입니다. 멸종위기 야생생물이고 천연기념물이죠. 유튜브나 동물원 등에서 볼 수 있는 작고 귀여운 수달은 동남아시아에 사는 작은발톱수달입니다. 물론 작은발톱수달도 멸종 위기종이며, 국제법으로 보호를 받기에 우리나라에서는 동물원 등록을 한 곳에서만 정식 수입해서 키울 수 있습니다.

한편 일본은 우리나라와 법이 달라 작은발톱수달을 개인이 키울 수 있다고 합니다. 그 때문에 일본은 수달 밀수 1위라는 부끄러운 타이틀을 얻었습니다. 정작 일본의 토종 수달은 멸종되었는데 말이죠.

귀여워서 키우고 싶은 동물이라도 야생 동물은 야생에 있을 때가 제일 좋습니다. 우리가 관심을 갖고 지켜야 할 것은 우리 땅에서 서식지를 잃어 힘겹게 살아가는 수달이지 귀여운 수달을 이용해 돈벌이하는 사람들이 아닙니다.

2020년 청주 시내에서 발견되었던 여우는 알고 보니 소백산에서 복원하던 여우가 아니라 북미산 붉은여우였습니다. 누군가 수입해서 키우다 유기했을 확률이 높지요. 현재 소백산에서 진행하는 여우 복원 사업에는 의외의 이야기가 있습니다. 한 밀수업자가, 밀반입했던 여우가 번식으로 늘어나자 감당하기 힘들어져 환경부에 기증한 일이 있습니다. 그런데 유전자 분석 결과, 놀랍게도 토종 여우로 밝혀지면서 그동안 부진했던 복원 사업을 본격적으로 진행할 수 있게 되었죠. 시작은 불법이었지만 토종 여우 복원에 도움을 주었으니 결과적으로는 잘한 일이었다고 해야 할까요. 물론 이런 일은 극히 예외입니다. 밀수는 불법이고, 불법 거래에 동물 복지가 들어갈 자리는 없으니 비참한 결과만 있을 뿐입니다. 밀수 과정에서 동물은 스트레스를 받거나 병을 얻어 죽습니다. 밀수 자체가 동물 학대입니다.

또한 밀수가 가능한 것은 밀렵이 있기 때문입니다. 지금도 많은 야생 동물이 밀렵 도구에 희생됩니다. 주로 쓰이는 밀렵 도구는 올무, 창애, 그물 등이고, 특히 철사나 와이어로 된 올무를 야생 동물이 스스로 끊는 것은 불가능합니다. 올무에 걸려 발버둥 치는 동물 앞에 놓인 선택지는 몸 어딘가가 잘리거나 목숨이 끊어지거나 둘 중 하나뿐입니다.

국립생태원 멸종위기종복원센터가 공개한 설문 조사 결과, 복원이 가장 필요한 야생 동물 1순위로 호랑이가 꼽혔습니다. 이 결과를 보면 사람마다 복원의 의미를 다르게 이해하는 것 같습니다.

현재 우리나라에서 복원을 진행하는 동물로는 여우와 반달가슴곰, 산양, 황새 등이 있습니다. 야생에서 인간이 맞닥뜨렸을 때 크게 위협이 되지 않는 동물들입니다. 이에 비해 호랑이, 표범, 스라소니, 늑대 등은 매우 위협적입니다. 동물원처럼 인간에게 안전한 환경에서 마주치는 것과는 이야기가 전혀 다르죠. 지금 들개와 멧돼지만으로도 위협을 느끼는 시민이 많은데, 하물며 호랑이라니! 게다가 호랑이는 활동 영역이 매우 넓기까지 하니 위험성은 더욱 커질 수밖에 없겠지요.

또한 호랑이는 인공 증식은 어렵지 않으나 야생에 방사하면 생존율이 많이 떨어진다고 합니다. 그렇다면 결국 복원해도 사육장에서만 지내야 할 가능성이 큰데, 복원하는 것이 무슨 의미가 있을까요? 늑대는 야생에 방사하면 떠도는 개와 교배할 가능성이 있어 많은 돈과 노력을 들여 원종을 복원한 의미가 쉽게 사라질 수도 있습니다. 이런 육식 동물을 복원하는 과정에서 희생될 수밖에 없는 동물도 생각해야 하고요.

어쩌면 지금 우리가 야생 동물을 위해 할 수 있는 최선은 사라진 동물 복원이 아니라, 남아 있는 동물이 멸종에 이르지 않게 서식지를 지키고 밀렵, 밀수되는 일이 없도록 철저하게 관리하는 일이 아닐까요?

조류
딱다구리과
텃새
한국 고유종
천연기념물 197호

크낙새

크기는 약 46cm입니다. 전체적으로 몸은 검은색이고 등, 허리 쪽과 가슴, 배 쪽은 흰색입니다. 수컷은 머리 윗부분과 빰선이 붉은색입니다. 전나무, 참나무 등 오래된 활엽수와 침엽수가 섞인 울창한 숲속에 삽니다. 나무속에 있는 큰 딱정벌레 애벌레를 먹습니다. 오래된 나무에 구멍을 뚫어 둥지로 삼습니다. 과거 여러 지역에서 드물게 분포했으나 번식이 확인된 곳은 경기도 광릉이 유일합니다. 광릉 크낙새 서식지는 천연기념물 11호로 지정되어 있습니다. 1990년대 이후 관찰 기록이 없어 지역절멸 상태입니다.

조류
도요과
나그네새
해양보호생물

넓적부리도요

크기는 약 15cm입니다. 부리는 검고 끝이 넓적한 주걱 모양입니다. 여름깃, 겨울깃, 어린 새의 모습이 다릅니다. 또 여름깃과 겨울깃 중간 단계인 모습도 보입니다. 다만 부리 색과 다리색은 변화가 없습니다. 해안, 염전, 하구, 간척지 등 모래가 섞인 갯벌에서 보이고 작은 물고기, 개구리, 조개 종류 등을 먹습니다. 봄과 가을에 서해안과 남해안에서 드물게 보입니다. 갯벌 매립으로 서식지 면적이 줄고 먹이가 감소해서 우리나라뿐 아니라 세계적으로 멸종 위급 상태입니다.

조류
도요과
나그네새
해양보호생물

청다리도요사촌

크기는 약 30cm입니다. 부리는 크고 길며 약간 위로 휘었습니다. 부리가 시작되는 부분은 노란색, 끝부분은 검은색입니다. 다리는 노란색입니다. 여름깃, 겨울깃, 어린 새의 모습이 다릅니다. 또 여름깃과 겨울깃 중간 단계인 모습도 보입니다. 해안 갯벌, 하구 등에서 보이고 주로 게 종류를 먹습니다. 봄과 가을에 서해안과 남해안에서 드물게 보입니다. 갯벌 매립과 해안 개발 등에 따른 서식지 감소로 우리나라뿐 아니라 세계적으로 멸종 위급 상태입니다.

조류
오리과
겨울철새
천연기념물 448호

호사비오리

크기는 약 57cm입니다. 부리는 붉은색이고 끝에 노란 점이 있습니다. 가슴, 배 쪽은 흰색, 등 쪽은 회색이고 허리와 옆구리에 비늘무늬가 있습니다. 암컷은 머리 부분이 갈색이고 수컷은 녹색 광택이 나는 검은색입니다. 수컷은 등 부분이 검고 비늘무늬가 진합니다. 산이 있는 지역의 맑은 하천, 호수 등에서 작게 무리를 이루어 지냅니다. 주로 물고기를 먹습니다. 겨울에 전국에서 드물게 보입니다. 환경 변화에 민감한 종이어서 개발에 따른 서식지 변화로 멸종 위기 상태입니다.

조류
오리과
겨울철새
천연기념물 201-3호

혹고니

크기는 약 152cm입니다. 몸 전체가 흰색이고 부리는 주황색, 혹이 있는 부리 뒤쪽과 눈앞은 검은색, 다리는 어두운 회색입니다. 어린 새는 부리와 온몸이 회갈색이고 부리 뒤쪽과 눈앞은 검은색입니다. 하구, 저수지, 호수 등에서 가족 단위로 무리를 이루어 지냅니다. 주로 수생식물을 먹고 수서 동물도 먹습니다. 흔히 말하는 백조는 고니류를 말합니다. 겨울철 제주도를 제외한 전국 호수, 저수지, 강에서 드물게 보였으나 최근에는 일부 지역에서만 소수가 관찰됩니다. 개발에 따른 서식지 변화로 멸종 위기 상태입니다.

조류
백로과
여름철새
천연기념물 361호
해양보호생물

노랑부리백로

크기는 약 68cm입니다. 몸 전체가 흰색이고 부리는 흑갈색, 다리는 녹갈색입니다. 번식기에는 목과 뒷머리에 장식깃이 생기고 부리는 노란색, 눈 앞쪽은 푸른색, 다리는 검은색으로 변합니다. 갯벌, 하구, 저수지, 농경지 등에서 보입니다. 주로 물고기, 게, 새우, 갯지렁이 등을 먹습니다. 서해 무인도에서 번식하고 둥지는 관목 위나 맨땅에 마른 가지를 모아 짓습니다. 여름철 서해안 쪽에서 볼 수 있습니다. 먹이 환경 감소와 훼손, 열악한 번식 여건, 인간 간섭으로 멸종 위기 상태입니다.

조류
두루미과
겨울철새
천연기념물 202호

두루미

크기는 약 140cm입니다. 몸은 흰색이고 멱, 목, 다리 그리고 날개 일부분이 검은색입니다. 머리 꼭대기는 붉은색이고 부리는 황록색입니다. 어린 새는 머리와 목이 연한 갈색이고 날개 일부분이 흑갈색입니다. 낮에는 논밭, 갯벌 등에서 주로 부모 새와 어린 새로 이루어진 가족이 함께 다닙니다. 곡물, 풀씨, 갯지렁이, 미꾸라지 등을 먹습니다. 밤에는 강 모래톱에 무리를 지어 잠을 잡니다. 흔히 말하는 학이 두루미입니다. 겨울철 강원도 철원, 경기도 연천, 파주, 강화 같은 비무장 지대 주변에서 볼 수 있습니다. 갯벌 매립, 농경지 감소, 농약 사용 등으로 먹이가 오염되고 서식지가 줄어 멸종 위기 상태입니다.

조류
저어새과
여름철새
천연기념물 205-1호
해양보호생물

저어새

크기는 약 75cm입니다. 몸 전체가 흰색이고 부리와 다리는 검은색입니다. 눈 주위의 검은색이 부리까지 이어지고 부리는 주걱 모양입니다. 어린 새는 날개 끝부분이 검은색입니다. 물이 찬 논, 하구, 얕은 해안, 갯벌, 습지 등에서 지냅니다. 예민하고 유연한 부리를 물속에서 휘저어 작은 물고기, 개구리, 조개 등을 찾아 먹습니다. 서해 쪽에 폭넓게 분포하고 서해안 비무장 지대와 작은 바위섬에서 주로 번식합니다. 일부는 제주도에서 월동하기도 합니다. 갯벌 매립, 도로 공사 등으로 먹이 환경이 훼손되고 있어 멸종 위기 상태입니다.

조류
황새과
겨울철새
천연기념물 200호

먹황새

크기는 약 95cm입니다. 전체적으로 광택이 있는 검은색이고 가슴, 배는 흰색입니다. 눈 주위, 부리, 다리는 붉은색입니다. 어린 새는 전체적으로 옅은 흑갈색이고 눈 주위, 부리는 녹회색, 다리는 녹황색입니다. 목에는 흰색 반점이 흩어져 있습니다. 농경지, 하구, 저수지, 풀이 우거진 습지에서 지냅니다. 주로 물고기, 개구리 등을 먹습니다. 겨울에 전라남도 함평, 해남, 경상북도 영주 등지에 적은 수가 날아옵니다. 과거에는 드문 텃새였으나 개발에 따른 서식지 감소, 농약 사용으로 말미암은 먹이 감소 등으로 현재는 멸종 위기 상태입니다.

류
새과
울철새
연기념물 199호

황새

크기는 약 112cm입니다. 온몸은 흰색, 날개 끝부분만 검은색입니다. 눈 주위는 붉은색이며, 부리는 크고 뾰족하며 검은색이고 다리는 붉은색입니다. 넓은 들판이나 습지대 물가에서 지냅니다. 어류, 양서류, 파충류, 곤충, 작은 포유류 등 다양한 종류를 먹습니다. 둥지는 큰 나무나 인공 철탑, 송전탑 등에 나뭇가지를 가져다 짓습니다. 겨울에 전국 해안, 하구 등으로 적은 수가 날아옵니다. 과거에는 전국에서 번식하는 텃새였지만 개발에 따른 서식지 감소, 농약 사용으로 말미암은 먹이 감소, 남획 등으로 지금은 멸종 위기 상태입니다.

조류
매과
텃새
천연기념물 323-7호

매

크기는 34~50cm이고 암컷이 더 큽니다. 눈 밑, 머리, 등, 날개, 꼬리는 어두운 청회색이고 턱, 가슴, 배 쪽은 흰색 바탕에 검은 줄무늬가 있습니다. 어린 새는 어두운 갈색이고 배 쪽은 옅은 갈색 바탕에 갈색 세로 줄무늬가 있습니다. 섬, 해안가 절벽, 하구, 습지 주변 등에서 혼자 또는 쌍으로 생활합니다. 주로 꿩, 오리 등을 먹고 설치류도 먹습니다. 전국에서 드물게 보입니다. 개발에 따른 서식지 환경 변화와 농약 사용, 밀렵 등으로 멸종 취약 상태입니다.

조류
수리과
겨울철새
천연기념물 243-2호

검독수리

크기는 75~90cm이고 암컷이 더 큽니다. 전체적으로 어두운 갈색이고 뒷머리와 목 쪽은 색
이 밝습니다. 어린 새는 날개 안쪽 일부가 흰색이고 꼬리 끝부분에 두꺼운 검은색 띠가 있습
니다. 해안, 하천, 평야에서 혼자 또는 쌍으로 생활합니다. 주로 토끼, 꿩, 오리 등을 먹습니다.
겨울철 전국에서 드물게 보입니다. 과거 번식 기록이 있지만 현재는 확인되지 않습니다. 산림
과 경작지 감소, 농약 사용, 밀렵 등으로 멸종 위기 상태입니다.

조류
수리과
겨울철새
천연기념물 243-3호

참수리

크기는 88~102cm이고 암컷이 더 큽니다. 전체적으로 흑갈색이고 부리는 노란색입니다. 이마와 날개 일부분, 꼬리 및 다리털은 흰색입니다. 꼬리는 뾰족합니다. 어린 새는 꼬리 및 날개 흰색 부분이 뚜렷하지 않고 5년 정도 지나야 어른 새와 모습이 같아집니다. 하구, 해안, 해안과 가까운 산림 지대 등에서 지냅니다. 주로 물고기를 먹고 작은 포유류나 오리 등도 먹습니다. 겨울철 전국에서 드물게 보입니다. 개발에 따른 서식지 환경 변화로 멸종 위기 상태입니다.

조류
수리과
겨울철새
천연기념물 243-4호

흰꼬리수리

크기는 84~94cm이고 암컷이 더 큽니다. 전체적으로 갈색이고 머리 쪽은 밝은 색, 날개깃은 검은색입니다. 꼬리는 흰색이고 부리는 노란색입니다. 어린 새는 전체가 어두운 갈색이고 꼬리는 흰색이 섞여 있습니다. 5년 정도 지나면 어른 새와 모습이 같아집니다. 해안, 하구, 하천, 저수지 등에서 혼자 또는 작은 무리를 지어 생활합니다. 주로 어류를 먹고 곤충과 소형 동물 등도 먹습니다. 겨울에 전국에서 드물게 보이며, 전라남도 섬에서 번식이 확인되기도 했습니다. 개발에 따른 서식지 감소 및 환경 변화로 멸종 취약 상태입니다.

양서류
청개구리과
한국 고유종

수원청개구리

크기는 2.5~4cm입니다. 청개구리와 매우 비슷하게 생겼으나 머리가 좀 더 뾰족하고 수컷 목에 있는 울음주머니가 노란색입니다. 울음소리로 청개구리와 구별이 가능합니다. 주로 논과 농수로에서 볼 수 있습니다. 겨울잠을 자고 4월부터 활동하며 파리, 벌, 나비 같은 곤충을 먹습니다. 강원도, 경기도, 충청도 일부 지역에서 관찰됩니다. 발견지인 수원에서는 이제 보기 힘들고 다른 지역에서도 빠르게 개체수가 줄고 있습니다. 서식지가 주로 논 주변이어서 농약 영향을 받고 농지 변경에 따른 개발로 멸종 위기 상태입니다.

파충류
뱀과

비바리뱀

길이는 40~70cm이고 전체적으로 길고 가늡니다. 머리에서 목덜미까지 어둡고 불규칙한 무늬가 있으며, 이후로는 얇고 길게 이어지다 사라집니다. 이 외에는 몸에 무늬가 없고 전체적으로 갈색이며 배 쪽은 옅은 노란색입니다. 해발 600m 이하 초지대와 해안가에 삽니다. 겨울잠을 자고 4~10월에 활동하며 6월경 알을 낳습니다. 주로 작은 파충류를 먹습니다. 제주도에서만 볼 수 있습니다. 사는 곳이 한정적인 데다 개발이 이어지고 있고 개체수가 매우 적어 멸종 위기 상태입니다. 아직 연구가 충분하지 않아 정보가 부족하므로 서식지를 보호하는 일이 우선입니다.

흔히 백조는 고니류를 가리킵니다. 하얗고 우아한 모습이 아름다워 사람들이 특히 좋아하는 새죠. 그래서일까요, 몇 년 전에 한 지자체에서는 백조의 도시를 만들겠다는 큰 포부를 밝힙니다. 백조를 텃새로 만들어 일 년 내내 볼 수 있도록 하겠다는 계획으로, 네덜란드에서 혹고니를 여러 마리 수입해 증식한 뒤 낙동강에 방사할 예정이었습니다.

많은 세금을 들여 진행한 그 꿈은 그러나 시작부터 어긋나 있었습니다. 우리나라에서 겨울을 보내는 혹고니는 동북아시아 지역에 사는 고니이고, 수입한 혹고니는 유럽 지역에 사는 고니여서 유전·생태적으로 달라 야생 방사 허가를 얻지 못했습니다. 결국 수입한 고니들은 울타리 속에 사는 동물원 고니와 다를 바 없는 신세가 되었습니다.

멸종 위기종을 잘 보전, 관리해서 지역 이익으로 환원해 보려는 노력은 추구할 만한 가치가 있는 일입니다. 다만 그러려면 무엇보다 우선으로 그 생물에게 알맞은 서식 환경을 조성해야 합니다. 그저 희귀한 동물 보여 주기식은 동물에게도, 지역민에도 도움이 되지 않습니다.

처음부터 어긋난 꿈

새들의 세계에는 국경이 없다

우리나라 서해와 남해는 봄과 가을에 이동하는 철새에게 매우 중요합니다. 먹이가 풍부한 해안, 갯벌이 있기에 먼 거리를 날아가야 하는 철새가 중간에 들러 힘을 보충할 수 있는 곳이거든요. 문제는 해안 개발과 갯벌 매립 등으로 연안 습지가, 각종 오염으로 갯벌 생물 종류가 줄고 있다는 점입니다. 중간 먹이터와 먹이가 점점 사라지고 있으니 우리나라를 찾는 철새 개체수도 매년 줄고 있습니다. 이런 이유로 많은 새가 멸종 위기에 처해 있지만, 특히 청다리도요사촌과 넓적부리도요는 몇 마리 남지 않아 심각한 상황입니다. 먼 거리를 오가는 이런 새들의 멸종을 막으려면 여러 국가가 협력해야만 합니다. 새가 오가는 세계에서는 인간이 만든 국경이 의미가 없으니까요. 비번식기에 지내는 곳의 환경이 나아져도 번식하는 곳의 환경이 나빠지면 개체수가 늘 수 없고, 중간 기착지가 사라지면 이동하기가 어렵기 때문에 역시 개체수가 줄어들 수밖에 없습니다. 나라마다 자연 환경을 보전하는 정도, 야생 동물을 대하는 인식 수준이 다르기 때문에 하루 빨리 이런 점을 보완해서 멸종 위기에 처한 철새를 보호할 수 있는 국제적 협력 체계가 마련되기를 바랍니다.

우리 땅을 찾는 새를 지키는 법 1

우리나라는 국제적 멸종 위기종인 노랑부리백로와 저어새의 주요 번식지입니다. 노랑부리백로는 대부분 서해안 무인도에서 번식합니다. 과거 노랑부리백로의 최대 번식지였던 한 무인도는 번식 사실이 알려지자 많은 사람이 찾아오는 바람에 환경이 훼손되었고, 결국 노랑부리백로들은 그 섬을 떠나게 되었습니다.

저어새도 주로 서해안 무인도에서 번식합니다. 그러나 번식할 수 있는 환경이 충분하지 않다 보니 좁은 공간에 많은 새가 둥지를 틉니다. 또 바위가 많은 곳에 둥지를 짓기 때문에 둥지 재료 구하기가 쉽지 않아 새들끼리 경쟁하기도 합니다.

저어새 번식을 돕고자 관련 기관과 새를 사랑하는 사람들이 모여 만든 단체에서 둥지 재료를 넣어 주고 물에 잠기는 알을 구조하는 등 꾸준히 모니터링 활동을 하고 있습니다. 이런 노력 덕분인지 다행히 저어새 개체수가 늘고 있습니다. 하지만 한편으로는 알을 훔쳐 가는 사람도 있고, 저어새 밀집 번식을 해결하는 방안인 작은 인공 바위섬을 제공하는 일에 인색하기도 합니다.

국제 보호종인 두루미는 전 세계 개체군의 절반 이상이 우리나라에서 겨울을 납니다. 대부분 민간인 통제선 부근 논밭 등에서 낙곡을 주워 먹으며 지냅니다. 지역민들은 겨울마다 찾아오는 두루미를 위해 추수가 끝난 논에 볏짚을 남겨 두고, 논에 물을 대어 무논을 조성해 주고 볍씨와 우렁이 같은 먹이를 공급해 주고 있습니다. 이런 노력으로 최근에는 민통선 부근에서 월동하는 두루미가 늘고 있다고 합니다.

개체수가 느는 것은 좋은 소식이지만 늘어난 두루미가 먹이를 찾으며 지낼 서식지는 여전히 줄고 있습니다. 민통선이 축소되고 기존 논을 축사, 비닐하우스 등으로 용도 변경하는 일이 많으며, 서식지 주변으로 도로 개발까지 예정되어 있습니다.

국제적 멸종 위기종인 두루미는 앞으로 어디서 겨울을 나야 할까요? 고민은 깊어 갑니다.

다시 잃지 않으려면

1950년대 전까지만 해도 '텃새' 황새가 제법 많았나 봅니다. 황새 복원은 아마 그때를 생각하며 오랫동안 노력한 결과인 것 같습니다. 1996년 한국교원대학교 황새 복원 센터에서 러시아 황새 2마리로 복원 사업을 시작했습니다. 2015년 예산에 황새 공원이 만들어지면서 야생 방사가 이루어졌고, 이는 곧 자연 번식으로 이어졌습니다.

황새 야생 방사는 관련 기관과 연구자들이 노력한 영향도 크지만 무엇보다 지역 주민들이 이해해 주었기에 가능한 일이었습니다. 농민들은 그동안 해왔던 농법 대신 황새를 배려해 친환경 농법으로 바꾸었고, 이런 논은 황새의 건강한 먹이터가 되었습니다.

야생에 적응한 황새가 꾸준히 번식하며 살아가려면 더 많은 습지가 있어야 합니다. 친환경 논이 더 많이 생겨야 하고, 그러려면 친환경 농산물을 소비하는 사람들이 더 많아져야 하는 거겠죠.

논은 사람이 먹을 쌀을 생산하려고 만든 곳이지만 새, 개구리, 우렁이를 비롯해 다양한 생물이 살아가는 곳이기도 합니다. 모두 같은 땅을 밟고 사는 동지인 셈이지요. 그런데 사람은 농사 효율을 높이고자 제초제를 비롯해 농약을 논에 뿌립니다. 농약 성분은 몸속에 계속 쌓이기 때문에 먹이 사슬을 따라 상위 포식자까지 고스란히 피해를 입습니다.

논에 사는 수원청개구리, 금개구리, 맹꽁이 같은 양서류는 직접·지속적으로 농약 피해를 입습니다(참고로 근래에는 물 흐름을 좋게 하려고 농수로를 시멘트로 바꾼 곳이 많은데, 이 때문에 수로에 갇혀 죽는 양서류가 많다고 합니다. 시멘트 수로는 발 디딜 곳이 없어 양서류가 수로 밖으로 나오지 못하기 때문입니다).

야생 동물 구조 센터에는 어딘가 다쳐서 오는 동물과 더불어 농약 중독으로 쓰러진 동물도 많이 옵니다. 농약을 먹고 죽은 양서류 같은 동물을 다시 독수리 같은 포식자가 먹으면서 피해를 입은 겁니다. 심지어 조류 독감보다 농약 중독으로 집단 폐사하는 야생 새가 훨씬 더 많다고 합니다.

요즘은 다행스럽게도 친환경 농법으로 농사를 짓는 곳도 많습니다. 자본주의 사회에서 소비는 습관적 선택이니, 이왕 소비하는 거 자연에 도움이 되는 선택을 하면 좋겠습니다.

같은 땅을 밟고 사는 동지를 위해

류
어과
국 고유종

감돌고기

크기는 7~10cm입니다. 몸은 길고 등 가운데가 조금 높습니다. 주둥이는 튀어나왔고 입은 주둥이 아래에 있습니다. 입가에 작은 수염이 1쌍 있습니다. 몸 옆면에 굵고 어두운 띠가 있습니다. 가슴지느러미를 제외한 등, 꼬리, 배, 뒷지느러미에 검은 띠가 2줄 있습니다. 하천 중·상류 자갈과 돌이 많은 맑은 물에 삽니다. 주로 수서 곤충을 먹고 부착 조류도 먹습니다. 산란기는 4~6월이고 꺽지 산란장에 탁란하는 특성이 있습니다. 금강, 만경강, 웅천천, 유등천 등에 분포하나 수질 오염, 하천 공사 등으로 개체수가 감소해 멸종 위기 상태입니다.

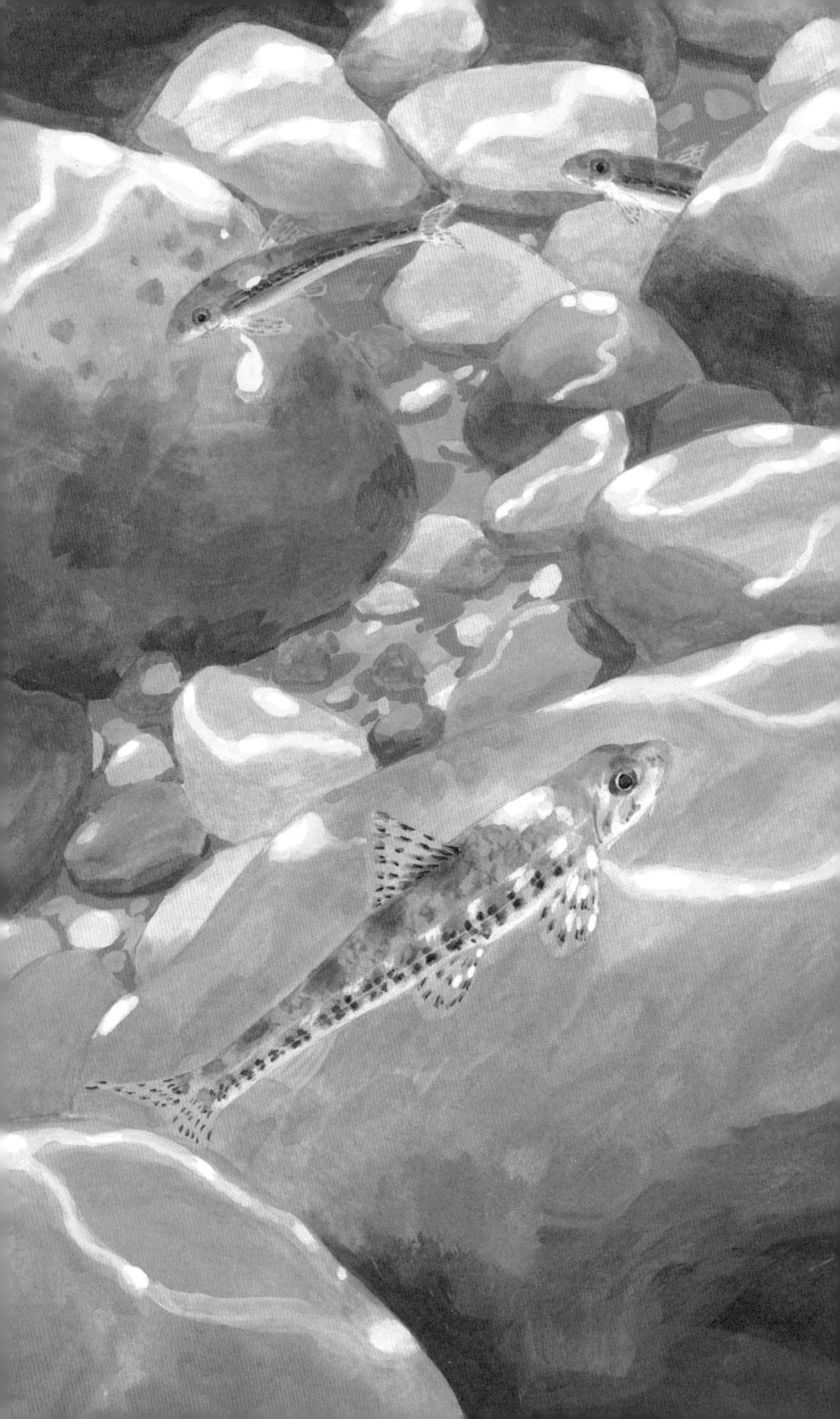

어류
잉어과
한국 고유종

모래주사

크기는 10~12cm입니다. 주둥이는 살짝 뭉툭하고 입은 주둥이 아래에 있습니다. 입가에 짧은 수염이 1쌍 있습니다. 몸 옆면에 윤곽이 뚜렷하지 않은 갈색 반점이 있습니다. 뒷지느러미를 제외한 등, 꼬리, 가슴, 배지느러미에는 작은 반점이 있습니다. 하천 중·상류 물살이 빠르고 자갈이 풍부한 여울 바닥에 삽니다. 주로 부착 조류를 먹고 수서 곤충도 먹습니다. 산란기는 4~5월입니다. 낙동강과 섬진강에만 살며 수질 오염, 하천 공사 등으로 멸종 위기 상태입니다.

어류
잉어과
한국 고유종

여울마자

크기는 약 10cm입니다. 주둥이는 짧고 뭉툭하며 입은 주둥이 아래에 있습니다. 입가에 짧은 수염이 1쌍 있습니다. 배와 앞가슴 쪽에는 비늘이 없습니다. 몸 옆면에 황록색 띠와 어두운 반점이 있습니다. 산란기에는 옆면 띠가 선명해지고 아가미 부분은 푸른색, 가슴과 배 지느러미는 붉은색을 띱니다. 하천 중·하류 물살이 빠르고 바닥에 자갈이 깔린 곳에서 삽니다. 주로 부착 조류를 먹고 산란기는 4~5월입니다. 낙동강 여러 곳에 살고 있었으나 지금은 단 한 곳에서만 보인다고 합니다. 수질 오염, 하천 공사 등으로 멸종 위급 상태입니다.

어류
잉어과
한국 고유종

흰수마자

크기는 약 6cm입니다. 입은 주둥이 아래쪽에 있고 흰색 입수염이 4쌍 있습니다. 전체적으로 연한 갈색 빛이 돌고 배 쪽은 은백색입니다. 등과 옆면으로 어두운 반점이 있습니다. 수심이 얕고 모래가 쌓인 여울에 삽니다. 주로 밤에 활동하며 깔따구 같은 수서 곤충을 먹습니다. 산란기는 6~7월입니다. 임진강, 한강, 금강, 낙동강에 분포하나 수질 오염, 하천 공사 등으로 멸종 위기 상태입니다.

어류
잉어과
한국 고유종

임실납자루

크기는 5~6cm입니다. 몸은 가운데가 높은 타원형입니다. 눈은 조금 크고 입가에 작은 수염이 1쌍 있습니다. 등 쪽은 갈색이고 꼬리와 배, 꼬리자루는 연한 노란색입니다. 뒷지느러미에는 노란색과 검은색 띠가 두 번 반복됩니다. 산란기에는 암컷 산란관이 꼬리까지 내려옵니다. 바닥이 진흙이며 물풀이 많은 얕은 물에서 삽니다. 산란기는 5~6월이고 산란관을 조개에 넣어 알을 낳습니다. 임실군 섬진강 일대에서만 산다고 알려집니다. 수질 오염과 하천 공사 등으로 서식지가 파괴되어 멸종 위기 상태입니다.

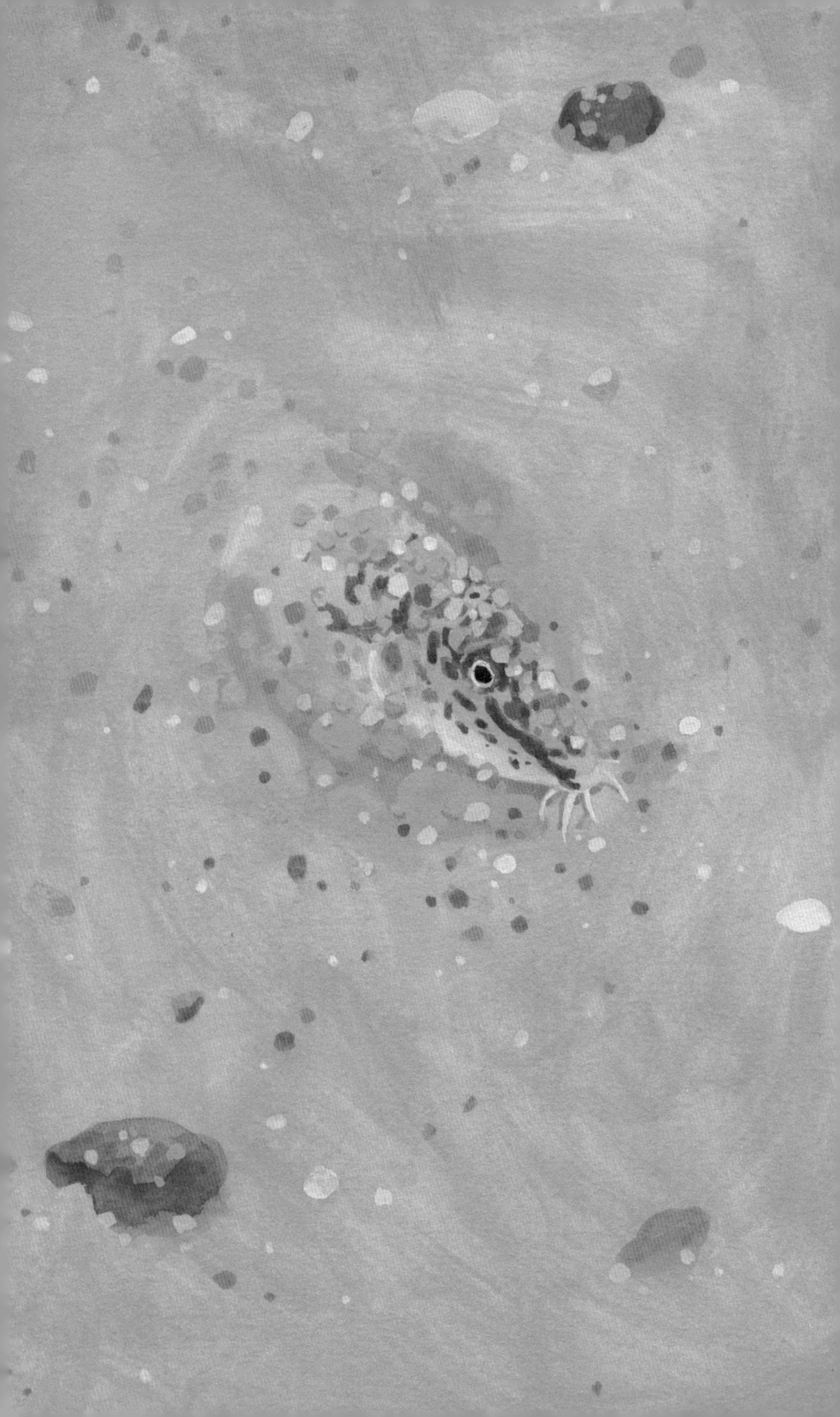

어류
미꾸리과
한국 고유종
천연기념물 454호

미호종개

크기는 8~10cm입니다. 몸은 길고 몸 가운데 부분이 머리와 꼬리 쪽에 비해 굵습니다. 작은 눈은 머리 위쪽에 있고 주둥이는 뾰족합니다. 입수염이 3쌍 있습니다. 몸은 옅은 노란색 바탕에 반점이 많고 옆면에 일정한 무늬가 있습니다. 꼬리지느러미 시작 부위에 검은 점이 있습니다. 하천 중류에서, 깊지 않으며 모래가 많고 물이 느리게 흐르는 맑은 곳에 삽니다. 주로 부착 조류를 먹으며 모래에 몸을 완전히 파묻는 특징이 있습니다. 산란기는 6~7월입니다. 금강 미호천, 유구천, 갑천, 지천 등에 분포했지만 현재 미호천에서는 볼 수가 없습니다. 수질 오염, 하천 공사 등으로 멸종 위기 상태입니다.

ㅣ류
ㅣ꾸리과
ㄴ국 고유종

얼룩새코미꾸리

크기는 10~16cm입니다. 머리는 크고 눈은 머리 위쪽에 있습니다. 입술은 두꺼우며 입수염이 3쌍 있습니다. 전체적으로 노란색 바탕에 불규칙한 얼룩무늬가 있습니다. 하천 중·상류에서 물살이 조금 빠르고 자갈이나 커다란 돌이 있는 곳에 삽니다. 주로 밤에 활동하며 하루살이 유충 등을 먹습니다. 산란기는 4~5월입니다. 낙동강 수계에 살지만 수질 오염, 하천 공사 등으로 멸종 위기 상태입니다. 멸종 위기종인 걸 모르는 사람들이 잡아먹기도 합니다.

좀수수치

크기는 4~5cm입니다. 머리가 작고 눈은 머리 위쪽에 있습니다. 주둥이는 뭉툭하고 입은 작으며 아랫입술은 2개로 갈라졌습니다. 입수염은 3쌍입니다. 전체적으로 옅은 노랑 바탕에 갈색 반점이 많고 균일한 무늬가 있습니다. 꼬리지느러미 시작 부위에 검은 점이 있습니다. 모래와 자갈이 깔린 얕은 곳에서 삽니다. 주로 수서 곤충과 부착 조류를 먹습니다. 산란기는 4~5월입니다. 전라남도 고흥반도, 금오도, 거금도의 작은 하천에서 소수가 삽니다. 제한된 서식지, 하천 공사, 수질 오염 등으로 멸종 위급 상태입니다.

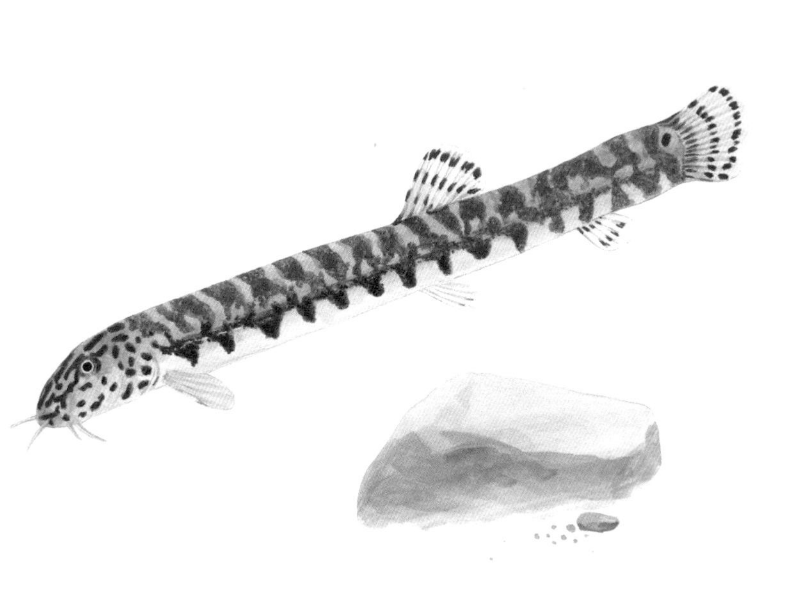

어류
동자개과
한국 고유종
천연기념물 455호

꼬치동자개

크기는 10cm 내외입니다. 주둥이는 짧고 둥글며 입은 주둥이 아래에 있습니다. 입수염은 아래위 2쌍씩 있습니다. 전체적으로 갈색을 띠고 등 쪽에서 배로 이어지는 무늬가 여러 개 있습니다. 비늘은 없습니다. 흔히 빠가사리라고 부르는 물고기의 한 종류입니다. 하천 중·상류 물이 맑고 바닥에 자갈이나 큰 돌이 많은 여울에 삽니다. 주로 밤에 활동하며 수서 곤충을 먹습니다. 산란기는 5~6월입니다. 낙동강의 남강, 회천, 금호강의 감천 등에만 분포하나 수질 오염, 하천 공사 등으로 멸종 위기 상태입니다.

남방동사리

크기는 10~15cm입니다. 눈은 작고 머리 위쪽에 있습니다. 주둥이는 길며, 입이 매우 크고 아래턱이 위턱보다 깁니다. 전체적으로 짙은 갈색을 띠고 몸 옆면에 어두운 구름 모양 반점이 있습니다. 첫 번째 반점은 등 쪽에서 보면 나비넥타이 모양입니다. 하천 중·하류 물살이 느리고 물풀이 자란 가장자리에서도 자갈이 많은 곳에 삽니다. 밤에 활동하며 수서 곤충과 다른 물고기 등을 먹습니다. 산란기는 5~7월입니다. 큰 돌 밑에 알을 낳고 수컷은 알이 부화할 때까지 보호합니다. 거제도 산양천에서만 살지만 제한된 서식지, 수질 오염, 하천 공사 등으로 멸종 위급 상태입니다.

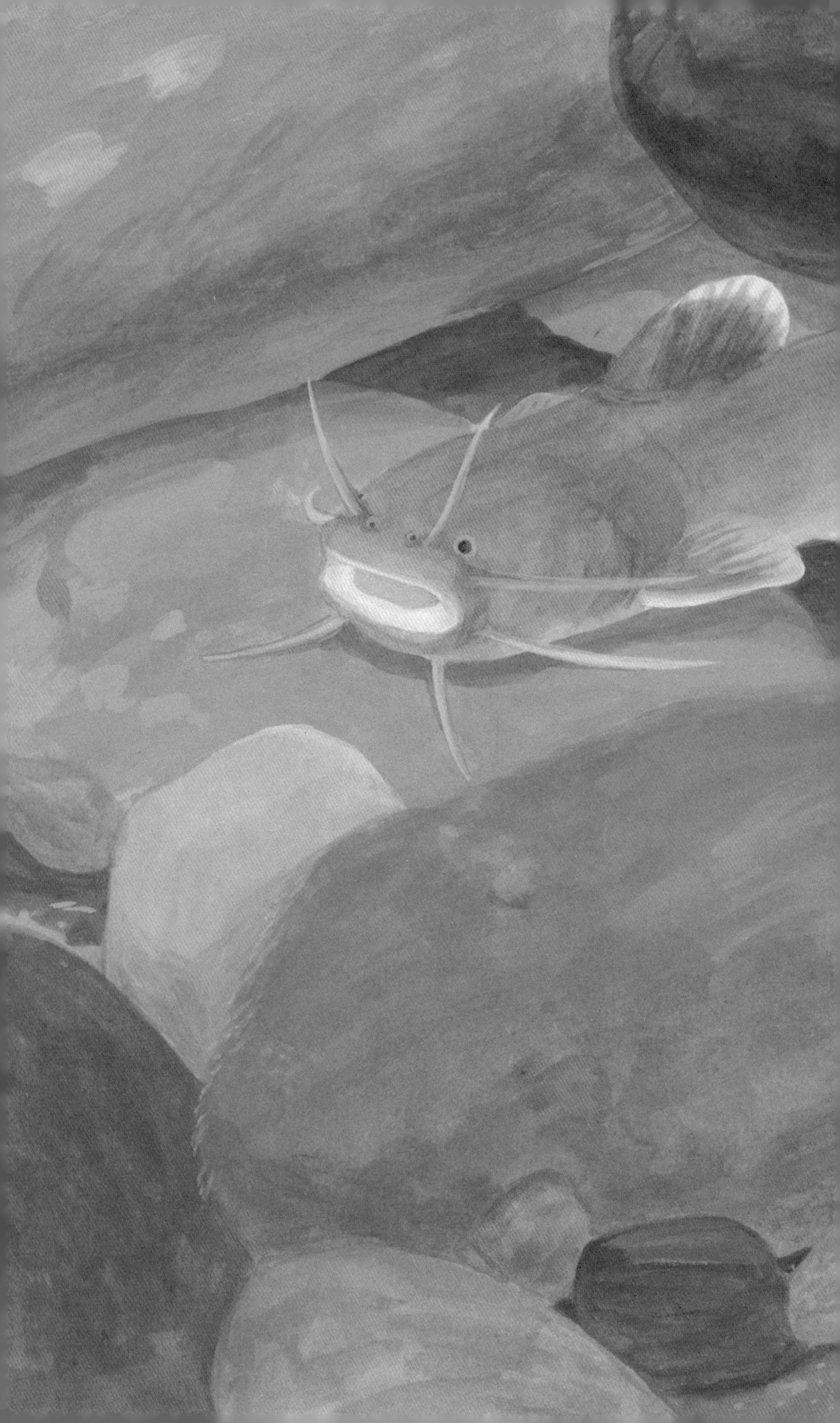

어류
통가리과
한국 고유종

퉁사리

크기는 10cm 내외입니다. 눈이 매우 작고 머리 위쪽에 있습니다. 위턱과 아래턱 길이가 같고 입수염은 위아래에 2쌍씩 있습니다. 전체적으로 황갈색을 띠며 지느러미 가장자리는 밝습니다. 비늘은 없습니다. 하천 중류 물살이 빠르지 않고 자갈이 많은 곳에 삽니다. 주로 밤에 활동하며 수서 곤충을 먹습니다. 산란기는 5~6월입니다. 큰 돌 밑에 알을 낳고 수컷은 부화할 때까지 알을 보호합니다. 금강, 웅천천, 만경강, 영산강 등에 살며, 수질 오염과 하천 공사 등으로 서식지가 파괴되어 멸종 위기 상태입니다.

갑각류
참게과
해양보호생물

남방방게

등딱지 크기는 대략 가로 2cm, 세로 1.5cm입니다. 몸은 사각형이고 등 쪽에 작은 과립과 짧은 털이 촘촘히 있습니다. 양쪽 집게 다리는 대칭이고 비교적 짧습니다. 전체적으로 보랏빛이 도는 갈색과 연한 노란색이 얼룩져 있습니다. 갯벌 위쪽 돌과 모래가 섞인 곳에 구멍을 파고 생활합니다. 주로 밤에 활동하고 짝짓기 시기는 5~7월입니다. 거문도, 제주도, 우도에서 드물게 보입니다. 개체수가 적은 희귀종이고 서식지도 제한되어 있는데 해안 개발로 서식지까지 오염되면서 멸종 위기에 놓였습니다.

연체류
수염고둥과
해양보호생물

나팔고둥

크기는 약 22cm로 우리나라 고둥류 중 가장 큽니다. 겉껍데기(패각)는 원뿔 모양으로 매우 단단하고 두껍습니다. 입구가 넓고 뚜껑은 타원형입니다. 연한 노란빛이 도는 흰색 바탕에 붉은 갈색 무늬가 있는데 색이나 무늬는 개체마다 차이가 납니다. 수심 10~200m 사이 바위나 자갈에서 지내며 주로 불가사리를 먹습니다. 과거에는 구멍을 뚫어 나팔로 쓰기도 했습니다. 남해안과 제주도 연안 일부 해역에서 드물게 보입니다. 관상, 식용을 목적으로 남획하고, 해양환경 변화로 서식 면적이 줄어들면서 멸종 취약 상태입니다.

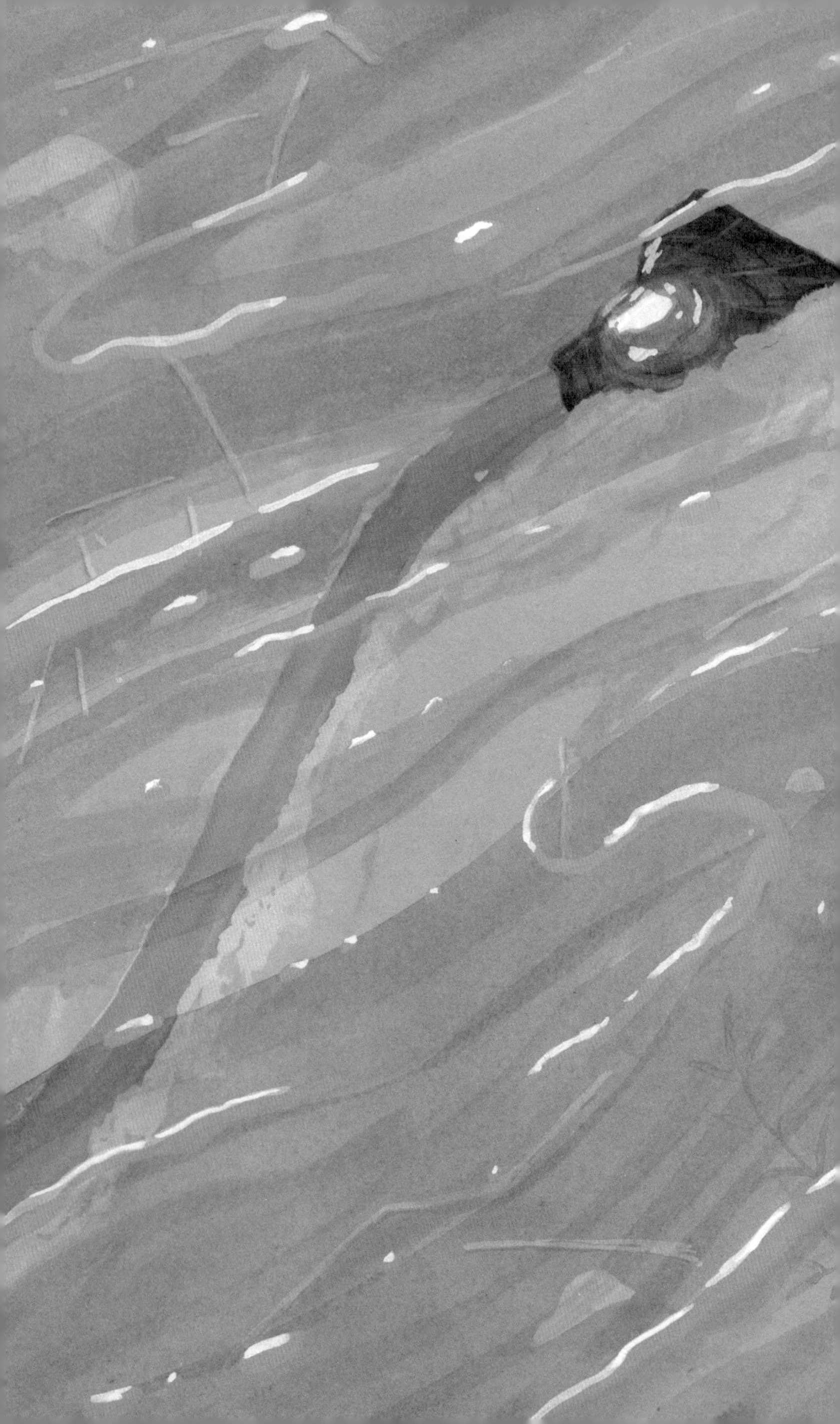

체류
패과

귀이빨대칭이

크기는 대략 길이 18cm, 높이 13cm이지만 개체마다 차이가 많이 납니다. 우리나라 민물조
ㅐ 중 가장 큽니다. 겉껍데기(패각)는 긴 타원형이며 얇고 단단합니다. 꼭대기(각정) 양쪽으로
날개 모양 돌기가 발달했는데, 시간이 지날수록 한쪽만 닳습니다. 밝은 갈색과 검은 갈색이
섞여 보이고 꼭대기가 닳으면 흰색이 보입니다. 깊고 바닥이 진흙인 강, 저수지, 늪 등에서 삽
니다. 진흙에 몸을 파묻고 지내며 번식할 때 물고기 도움을 받습니다. 과거에는 진주 양식에
이용하기도 했습니다. 낙동강 중·하류에서 볼 수 있고 다른 지역에서도 일부 나타납니다. 가
뭄, 번식할 때 도움을 받는 물고기 감소, 하천 개발과 더불어 멸종 위기종인 줄 모르고 식용으
로 잡는 탓에 멸종 취약 상태입니다.

체류
패과
국 고유종

두드럭조개

크기는 대략 길이 10cm, 높이 7cm입니다. 겉껍데기(패각)는 둥글며 민물조개 중에서 가장 두껍고 단단합니다. 전체적으로 누런 바탕에 흑갈색을 띠고 껍데기 뒤쪽에 오돌토돌한 돌기가 많습니다. 깊고 물살이 빠르며 바닥에 모래와 자갈이 섞인 곳에 삽니다. 모래 속에 몸을 파묻고 지내며 번식할 때 물고기와 도움을 주고받습니다. 과거에는 진주와 단추 생산에 이용했습니다. 예전에는 한강에서 흔하게 볼 수 있었으나 지금은 하천 개발, 수질 악화, 남획 등으로 금강의 일부 지역에서만 볼 수 있는 멸종 위급 상태입니다.

천 마리, 만 마리를 복원한들

단순히 생각하면 알이나 새끼를 몇 마리만 낳는 포유류나 조류보다 알을 수십 수천 개씩 낳는 어류 복원은 수월할 것 같습니다. 하지만 인공 증식한 물고기를 하천에 방류하는 행사를 계속하는 것에 비해 성과는 없습니다.

2019년 환경부는 여울마자를 복원하고자 인공 증식한 어린 여울마자 천 마리를 산청군에 방류했습니다. 그리고 5개월 후 여울마자를 방류한 곳 근처에서 산청군이 골재 채취를 허가한 하천 공사가 시작되었죠. 환경 단체 지적으로 뒤늦게 복원 공사를 했지만 환경부와 지자체가 복원 사업에 대해 소통하고 있지 않았다는 사실이 드러난 사건이었습니다.

꾸준히 복원 생물의 서식 환경을 살피지 않는 한 천 마리, 만 마리를 방류한들 무슨 소용이 있을까요?

나의 집, 그들의 집

우리가 지내는 수많은 건물은 모두 자연이 지어 준 거나 다름없습니다. 하천에서 모래와 자갈을 박박 긁어내고 그것도 모자라 논도 파고 산도 깨고 바닷속에 있는 모래도 가져와 열심히 건물을 짓죠. 이미 하천에서는 더 이상 긁어낼 것이 없는 상태입니다. 4대강 사업으로 쏟아진 모래와 자갈은 다 어디에 쓰였을까요?

혹시 멸종 위기 생물이 나와 전혀 관계없는 것처럼 여겨진다면 지금 사는, 비바람을 막아 주는 집을 생각하면 됩니다. 그 콘크리트에 들어가는 자갈과 모래가 바로 흰수마자, 여울마자 같은 민물고기의 집터였으니까요. 우리가 정신없이 건물을 짓고 허무는 사이 많은 생물이 집을 잃고 사라져 간다는 사실을 꼭 기억했으면 좋겠습니다.

영영 사라져 버리기 전에

멸종 위기에 처한 생물 중에는 환경 변화에 매우 민감한 종이 많습니다. 모래에 몸을 파묻고 사는 미호종개는 모래 입자 영향을 많이 받습니다. 모래에 붙은 조류를 먹기 때문에 빨아들인 모래를 아가미로 다시 뱉어내는데 이때 모래 입자가 너무 굵거나 진흙이 많으면 먹이를 먹기가 힘들어지거든요.

미호종개뿐만 아니라 우리나라 민물에는 이처럼 특정 생활환경을 필요로 하는 생물이 많습니다. 진화론 관점에서 환경 변화에 적응하지 못하면 멸종하는 것이 당연하다고 생각할 수 있지만, 여기서 환경 변화란 오랜 세월에 걸쳐 나타나는 것을 말합니다. 지금 멸종 위기종 대부분은 인간 탓에 적응할 틈도 없이 급작스러운 환경 변화를 겪고 있습니다.

이런 변화는 특정 지역에만 사는 고유종에게 특히 치명적입니다. 그 지역이 개발되거나 훼손되면 바로 사라져 버리니까요. 뒤늦게 훼손된 자연을 복구해 사람 눈에는 환경이 좋아져 보이더라도 안타깝지만 멸종 위기 생물이 저절로 많아지는 일은 별로 없다고 합니다.

우리가 일상에서 쓰는 물은 최종 처리된 물입니다. 이 물을 우리는 다시 각종 세제와 오물, 미세 플라스틱 등으로 더럽힌 후 하수 시설로 내보내죠. 우리나라 모든 지역이 동일한 하수 처리 시설을 갖추고 있지는 않습니다. 하수 처리 시설이 미흡한 곳은 생활 폐수가 하천이나 바다로 들어가게 됩니다.

생활 폐수뿐만 아니라 우리가 먹는 고기와 농산물을 키우는 데서 나오는 농약과 축산 폐수, 우리가 사용하는 생활용품을 만들면서 나오는 공장 폐수, 우리가 매일 내놓는 쓰레기의 매립지에서 흘러나오는 침출수 등도 하천이나 바다로 흘러 들어갑니다. 비가 오면 땅에 있던 중금속을 비롯한 오염 물질이 더 쉽게 물길로 흘러가고요. 그래서 비 올 때에 맞춰 오염수를 무단 방출하는 업체도 어딘가에 항상 있습니다.

이렇게 다양한 경로로 물이 오염되는 것을 우리는 '수질 오염'이라는 짧은 단어로 표현합니다. 이 수질 오염으로 그동안 물속 생물이 참 많이도 사라졌는데 말이죠(물론 물속 생물을 괴롭히는 건 수질 오염뿐만이 아닙니다. 인간이 편하자고 하는 각종 공사로 물속 생물의 서식지는 조각나서 사라지고 있습니다). 지구에 사는 모든 생물의 공동 자원인 물을 흐리는 존재는 미꾸라지가 아니라 인간입니다.

물을 흐리는 건 바로 우리

너와 나의 연결 고리

많은 민물고기가 수초나 돌 밑에 알을 낳는 반면 임실납자루나 각시붕어 같은 납자루 무리는 조개에 알을 낳습니다. 번식기가 되면 암컷 배 쪽에서 기다란 산란관이 발달합니다. 이 긴 관을 조개가 입을 벌린 틈에 재빨리 넣어 알을 낳는 거죠. 알은 조개 안에서 안전하게 자란 후 빠져나옵니다. 두드럭조개, 귀이빨대칭이, 말조개 같은 조개도 비슷한 시기에 번식합니다. 가까이 다가온 물고기에게 아주 작은 새끼 조개를 들러붙게 하거든요. 새끼 조개는 한동안 물고기 몸에서 기생하며 멀리 이동합니다.

조개가 없어지면 조개에 알을 낳는 물고기가 사라지고 물고기가 사라지면 조개가 번식하기 힘들어집니다. 지구에 있는 모든 생물은 이렇게 같은 고리 안에서 서로 연결된 채 살아갑니다.

시골 지역에 멸종 위기종이 나타나면, 도시에서는 반색하며 호들갑을 떨지만 정작 해당 지역에서는 마음이 복잡합니다. 언뜻 멸종 위기종이 사는 곳이라는 자연성을 강조해 이익을 기대할 수 있겠다 싶지만 실제로는 얻는 이익보다 감수해야 하는 불편이 더 크기 때문입니다.

대부분 멸종 위기종이 사는 곳은 도시가 아닌 시골입니다. 온갖 인프라와 문화 혜택은 안으로 집중하고 사회적으로 감내해야 할 부분은 바깥으로 치워서 이루어진 것이 도시입니다. 어찌 보면 멸종 위기종에 대한 책임도 시골에만 무심하게 지우고 있는 것은 아닐까요? 시골은 모든 자연을 감당하는 게 당연하다는 듯 말이지요. 도시 아파트에서 키우다 책임지지 못하고 시골로 개를 보내 버리는 것처럼요.

즐기는 곳으로 자연을 대하는 도시 사람들과 자연 속에서 자본주의 삶을 사는 시골 사람들이 감당해야 하는 몫은 다릅니다. 시골 주민들에게 경제적 이익을 가져다주는 개발과 멸종 위기종을 지켜 가는 보전이 함께 이루어지면 좋겠지만 이건 너무 어려운 일입니다. 무엇이든 빠르게 흘러가고 모든 것을 바로바로 확인해야 하는 시대에 느리고 결과를 바로 알 수도 없는 보전은 걸림돌처럼 느껴지겠죠. 도시에 살면서 자연을 지키고 싶은 마음이, 자연을 보전하며 살아가야 하는 시골 사람들의 삶에 어떻게 실질적으로 보탬이 될 수 있을까 고민이 필요합니다.

곤충
호랑나비과

붉은점모시나비

날개 편 길이는 6.5~7.5cm입니다. 몸은 검은색이고 날개는 모두 흰색입니다. 앞날개에 검은 점이 있고 뒷날개 검은 테두리에 빨간 점이 있습니다. 나무가 별로 없는 산지나 평지에서 지냅니다. 5~7월에 활동하고 엉겅퀴, 기린초 등의 꿀을 먹습니다. 애벌레는 기린초 종류를 먹습니다. 알 상태로 겨울을 보내고 다음 해 2~4월까지 애벌레로 자랍니다. 강원도, 경상도 일부 지역에서 볼 수 있습니다. 서식지가 줄고 애벌레 먹이 식물이 한정적인 데다 과도한 채집으로 멸종 취약 상태입니다.

곤충
네발나비과
천연기념물 458호

산굴뚝나비

네발나비과는 앞다리가 퇴화해 다리가 4개만 보이는 종류입니다. 날개 편 길이는 5.6~6cm 입니다. 몸은 흑갈색이고 날개는 어두운 갈색 바탕에 밝은 띠가 있습니다. 앞날개 바깥쪽에는 뱀눈 무늬가 2개 있습니다. 북방계 나비로 높은 지대 암석이 있는 건조한 풀밭에 삽니다. 7~8 월에 활동하고 솔체꽃, 송이풀, 꿀풀 등의 꿀을 먹습니다. 애벌레는 벼과 식물을 먹습니다. 제주도 한라산 고지대에서만 볼 수 있습니다. 서식지에 조릿대가 퍼져 먹이 식물이 줄어드는 데다 기후 변화로 말미암아 멸종 위기 상태입니다.

상제나비

날개 편 길이는 6~7cm입니다. 몸은 검고 날개는 윗면과 아랫면 모두 흰색입니다. 암컷은 수컷에 비해 비늘 가루가 적어 날개가 반투명한 느낌입니다. 숲 가장자리나 인가 주변에서 삽니다. 5~6월에 활동하고 엉겅퀴, 조뱅이, 토끼풀 등의 꿀을 먹습니다. 애벌레는 배나무, 살구나무 등의 나뭇잎을 먹습니다. 애벌레로 겨울을 난 후 다음 해 어른벌레가 됩니다. 북방계 나비로 강원도 일부에서만 볼 수 있었으나 1990년대 이후 발견된 적이 없습니다. 개발에 따른 서식지 감소, 기후 변화, 무분별한 채집 등으로 멸종 위급 상태입니다.

충
단벌레과
연기념물 496호

비단벌레

크기는 3~4cm로 우리나라 비단벌레 종류 중 가장 큽니다. 몸통은 길쭉하고 몸 전체가 광택이 나는 초록색입니다. 앞가슴등판과 딱지날개에 붉은색 줄무늬가 2줄 있습니다. 울창한 산림지대에 삽니다. 애벌레는 팽나무, 느티나무 등을 먹고삽니다. 알에서 어른벌레가 될 때까지 약 3년이 걸리고 어른벌레는 7~8월에 활동하고 사라집니다. 아름다운 생김새 때문에 과거에는 장식 재료로 많이 쓰였습니다. 전라도, 경상남도 일부 지역에서 볼 수 있습니다. 서식지인 오래된 나무가 있는 숲이 사라지고 무분별한 채집이 이어지면서 멸종 취약 상태입니다.

애벌레

수염풍뎅이

크기는 3~3.6cm로 검정풍뎅이과 중에서 가장 큽니다. 몸은 뚱뚱한 타원형입니다. 수컷 더듬이는 매우 크며 부채처럼 펼쳐집니다. 전체적으로 짙은 적갈색이고 등 쪽은 밝은 비늘털이 얼룩무늬를 이룹니다. 하천 경작지 주변 풀밭과 강가 모래톱 등에 삽니다. 알에서 어른벌레가 될 때까지 4년이 걸리고 6~7월에 어른벌레를 볼 수 있습니다. 과거에는 전국에 분포했으나 하천 개발로 서식지가 줄어들면서 현재는 충청도 일부 지역에서만 살며, 멸종 위급 상태입니다.

곤충
하늘소과
천연기념물 218호

장수하늘소

크기는 수컷 6~11cm, 암컷 5.5~9cm입니다. 동북아시아에 사는 딱정벌레 중 가장 큽니다. 몸은 길쭉하며 암컷보다 수컷 턱이 더 큽니다. 몸은 전체적으로 흑갈색이고, 노란색 짧은 털로 덮여 있습니다. 털이 빠지고 남은 곳이 무늬처럼 보이기도 합니다. 저지대 울창한 활엽수림에 삽니다. 애벌레는 서어나무, 신갈나무, 물푸레나무 등 오래되고 큰 나무의 속을 파먹습니다. 알에서 어른벌레가 될 때까지 5년 이상 걸리고 어른벌레는 6~9월에 활동하고 사라집니다. 포천의 광릉숲에서만 볼 수 있습니다. 워낙 개체수가 적은 데다 개발로 서식지인 오래된 숲이 사라지면서 멸종 위급 상태입니다.

장식되기 위한 생명

지구 온난화, 기후 변화에 이어서 이제는 기후 위기라는 말을 많이 씁니다. 그만큼 지금 지구 환경이 우리가 적응하기 힘들 만큼 크게 변하고 있다는 뜻이겠죠. 특히 추운 환경에 적응해 살던 생물은 이런 기후 변화의 영향을 더 많이 받습니다. 개발과 훼손으로 서식지가 줄어든 데다 기후 변화까지 더해져 점점 사라지는 실정입니다. 붉은점모시나비, 상제나비, 산굴뚝나비 등도 그렇습니다.

붉은점모시나비는 오래전부터 보전하려고 노력해 왔습니다. 안정적인 서식지를 선택해 인공 증식한 나비를 방사하며 꾸준히 모니터링해 오고 있고, 성과도 좋습니다. 우리나라 붉은점모시나비 복원이 세계자연보전연맹 성공 사례로 인정받았거든요.

그런데 이처럼 성공적인 복원 사업에도 걸림돌은 있습니다. 바로 불법 채집입니다. 붉은점모시나비는 생김새가 예뻐서 특히 인기가 많습니다. 이는 비단 붉은점모시나비만의 이야기가 아닙니다. 어떤 생물을 멸종에 이르게 하는 여러 영향 중에서 인간의 개인적 소유욕도 무시할 수 없습니다. 복원 사업에는 생물을 보전하려는 희망과 함께 많은 종사자의 노력과 비용이 들어갑니다. 이 모든 것을 아무것도 아닌 것으로 만들 권리는 누구에게도 없습니다.

또한 소유욕의 바탕에는 생명을 경시하는 태도가 깔려 있습니다. 아무리 흔한 생물이라고 해도 볼거리를 만들겠다며 전시장 한 편을 알록달록한 곤충으로 빼곡히 채운다거나, 축제라는 이름을 붙여 어떤 종을 대량으로 증식했다 없애는 모습을 보면 어떤 생각이 드시나요? 어떤 생물도 일회성 눈요기, 즐길 거리로 써서는 안 되는데, 우리는 혹시 생명의 무게에 그만큼 무감각해진 것은 아닐까요?

식물
콩과
늘푸른키작은나무

만년콩

높이는 30~70cm이고 햇빛이 안 드는 상록수림 북향에서 자랍니다. 줄기 아랫부분이 비스듬히 누워 자라고 그 윗부분은 곧게 자랍니다. 잎은 진한 녹색에 타원형이고 3장으로 이루어진 겹잎이 엇갈려 달립니다. 6~7월에 하얀색 작은 꽃들이 줄기 끝에 차례로 무리 지어 핍니다. 콩과이지만 열매는 꼬투리가 아니라 하나하나 따로 열립니다. 제주도 서귀포시 일대 계곡에서 몇 개체가 확인될 뿐입니다. 그마저도 탐방로 근처라서 서식지가 훼손될 위험이 커 멸종 위급 상태입니다.

식물
국화과
여러해살이풀
한국 고유종
희귀 · 특산식물

한라솜다리

높이는 10cm 내외입니다. 경사가 심한 바위 지대나 고산 풀밭에서 자랍니다. 곧게 선 줄기에서 중간 쪽 잎은 피침형, 위쪽 잎은 타원형입니다. 줄기와 잎에는 전체적으로 솜털이 촘촘하여 잎 앞쪽에 비해 뒤쪽이 더 빽빽합니다. 8월쯤 흰색이 도는 노란색 작은 꽃이 줄기 끝에서 모여 핍니다. 에델바이스는 솜다리 무리를 말합니다. 우리나라에는 한라솜다리 외에도 생김새가 비슷한 솜다리가 몇 종류 더 있습니다. 제주도 한라산 정상부에서만 자랍니다. 고산 지대라는 한정된 서식 환경과 주변 환경 악화로 멸종 위급 상태입니다.

식물
암매과
늘푸른키작은나무

암매

높이는 5cm 미만으로 아주 작습니다. 경사가 매우 급한 암벽 지역에서 넓게 퍼져 자랍니다. 줄기는 한군데에 모여나고 얇은 가지에 단단한 타원형 잎이 빽빽하게 달립니다. 5~6월에 꽃자루 끝으로 흰색 또는 분홍색 꽃이 한 송이씩 핍니다. 돌매화나무라고도 부릅니다. 제주도 한라산 정상 부근에서만 자라는 북방계 식물이기 때문에 기후 변화에 큰 영향을 받으며, 불법 채취 위험도 커서 멸종 위급 상태입니다. 서식 환경이 독특해 인공 증식도 어렵기 때문에 서식지를 보호하는 것이 우선입니다.

물
초과
푸른여러해살이풀

금자란

소나무나 비자나무 등에 붙어 살아가는 작은 착생 식물입니다. 길이가 1~3cm인 짧은 줄기에서 나온 백록색 공기뿌리가 겉으로 드러나 있습니다. 잎은 두껍고 어긋나며 자주색 반점이 있습니다. 5~6월에 자주색 반점이 있는 연한 황록색 꽃이 핍니다. 남해 금산에서 발견된 자주색 반점이 많은 난초라는 뜻으로 '금산자주란'이라고 불리기도 합니다. 제주도와 남해안 극히 일부 지역에서만 자랍니다. 제한된 지역에서만 자라고 사람들이 자꾸 채취해 가는 탓에 멸종 위기 상태입니다.

ㅕ물
ㅏ초과
ㅡ푸른여러해살이풀

비자란

ㅣ자나무 등 오래된 상록수에 붙어서 살아가는 착생 식물입니다. 겉으로 드러난 공기뿌리
ㄴ 가늘고 긴 모양입니다. 줄기는 길이 3~ 10cm이고 좌우로 어긋난 잎이 나란히 자랍니다.
-~5월에 가는 꽃줄기 끝으로 노란색 꽃이 핍니다. 제주도 남쪽 사면의 계곡 쪽에 적은 수가
ㅏ랍니다. 제한된 지역에서만 자라고 사람들이 자꾸 채취해 가는 탓에 멸종 위기 상태입니다.

ㅓ물
ᅡ초과
ᅳ푸른여러해살이풀

나도풍란

ᅡ무나 해안가 절벽에 붙어서 살아가는 착생 식물입니다. 겉으로 드러난 녹색 공기뿌리는 광합성을 비롯해 여러 가지 역할을 합니다. 줄기는 매우 짧으며 줄기를 감싼 잎은 도톰하고 긴 ᅡ원형입니다. 6~8월에 붉은 반점이 있는 연한 녹백색 꽃이 아래부터 차례로 핍니다. 남해안 ᅵ부 섬과 제주도에서 자랐으나 지금은 볼 수 없습니다. 자연 번식이 힘든 식물이기도 하지만 ᅪ도한 채취와 서식지 훼손 탓이 가장 큽니다. 현재 제주도 비자림 등지에서 볼 수 있는 나도 ᅮ란은 오랜 복원 사업으로 인공 증식한 개체입니다.

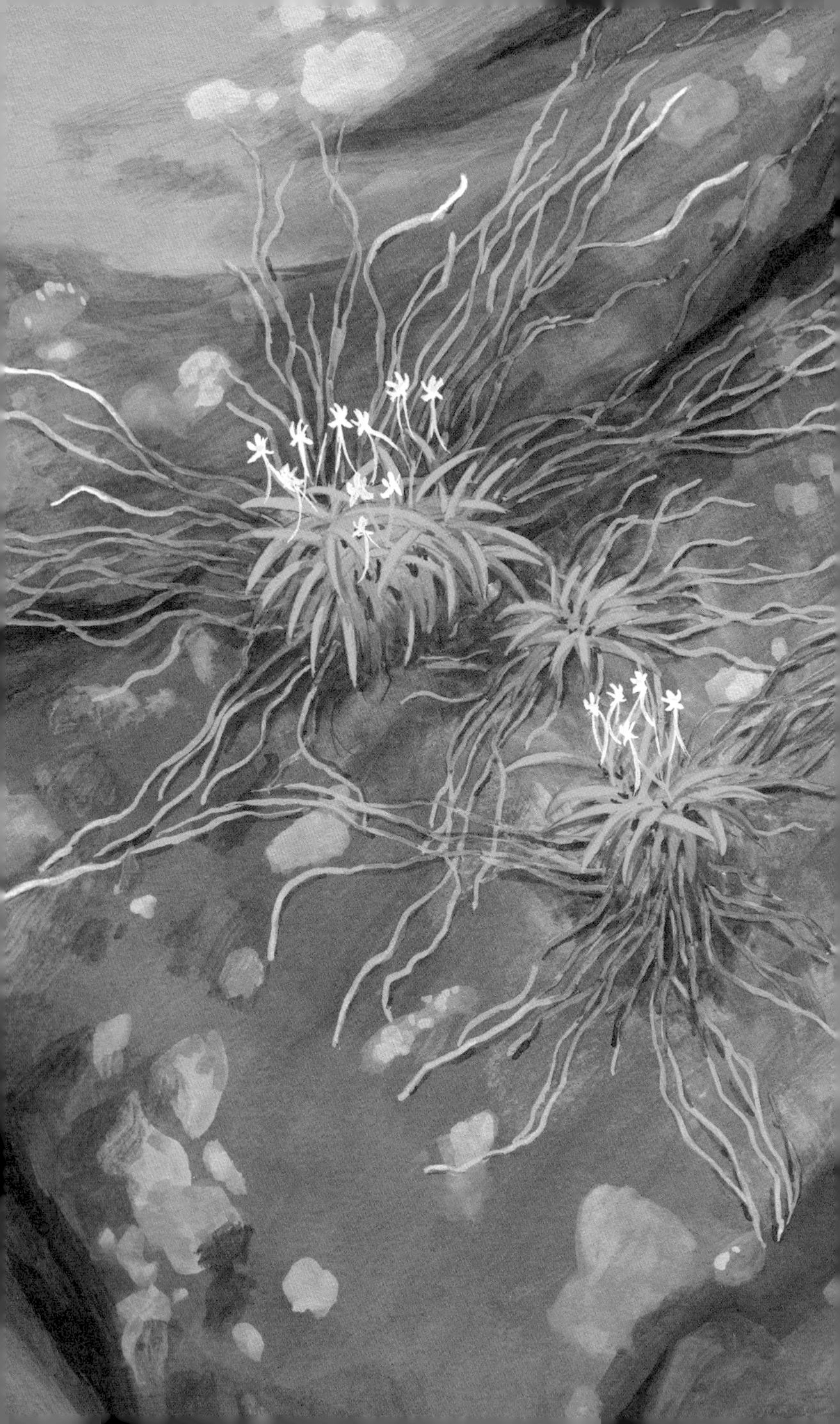

식물
난초과
늘푸른여러해살이풀

풍란

나무나 바위, 해안가 절벽에 붙어서 살아가는 착생 식물입니다. 공기뿌리는 노끈 모양으로 겉으로 드러나고 줄기는 매우 짧습니다. 두 줄로 마주나는 잎은 아래쪽이 포개지며 약간 넓은 선형으로 가운데가 파인 형태입니다. 7~8월에 꽃줄기 끝으로 흰색 꽃이 모여납니다. 꽃 아래쪽 꽃뿔이 길게 구부러지는 점이 특징입니다. 제주도와 남해안 일부 지역에서만 자라지만, 사람들이 마구 채취하는 탓에 멸종 위급 상태입니다.

식물
난초과
들푸른여러해살이풀

죽백란

둔이는 약 20cm이며 상록수림 약간 그늘진 곳에서 자랍니다. 뿌리 근처에서 긴 타원형 잎이
~3장 납니다. 7~8월에 연한 녹색 꽃이 아래부터 어긋나며 핍니다. 제주도 서귀포시 일대
계곡 주변에서 매우 적은 수가 자라지만 사람들이 함부로 채취하는 탓에 멸종 위급 상태입
니다.

식물
난초과
늘푸른여러해살이풀

한란

높이 20~60cm이고 상록활엽수림 계곡 주변 약간 그늘진 곳에서 자랍니다. 가늘고 긴 잎 여러 장이 땅에서 올라오고 꽃줄기는 따로 기다랗게 올라옵니다. 꽃은 추운 계절인 10~1월에 아래부터 차례로 핍니다. 보통은 연녹색으로 피지만 자주색 등 색 변화가 많습니다. 한란은 먹그림으로 많이 볼 수 있는 사군자 중 난초 그림에 등장하는 식물입니다. 제주한란과 제주한란 자생지는 각각 천연기념물 191호, 432호로 지정되었습니다. 제주도와 남해안 일부 지역에서 드물게 자라지만 사람들이 함부로 채취하는 탓에 멸종 위기 상태입니다.

식물
난초과
여러해살이풀

광릉요강꽃

높이는 40cm 정도이며 햇빛이 드는 산지의 약간 그늘진 곳에서 자랍니다. 뿌리줄기가 옆으로 뻗으며 뿌리와 줄기를 늘려 나가는 형태입니다. 줄기 윗부분에 넓고 주름진 잎 2장이 줄기를 감싸며 마주납니다. 4~5월에 줄기 끝에서 큼직한 꽃이 한 송이씩 핍니다. 꽃은 흰색에 붉은 무늬가 조금 섞여 있고 요강처럼 생긴 독특한 주머니가 있습니다. 경기도, 강원도, 충청북도, 전라도에 아주 적은 수가 자랍니다. 자연 번식률이 매우 낮은 데다 과도한 채취로 개체수가 더욱 적어져 멸종 위급 상태입니다.

털복주머니란

ᅭ이는 30cm 정도이며 높은 산지의 숲 주변이나 햇빛이 드는 열린 숲에서 무리 지어 자랍니
ᅡ. 뿌리줄기가 옆으로 뻗으며 마디마다 뿌리가 나오는 형태입니다. 줄기 위쪽으로 길고 커
ᅡ란 잎 2장이 줄기를 감싸며 마주납니다. 5~7월에 줄기 끝에서 자줏빛 무늬가 있는 꽃이 한
ᅮ이씩 핍니다. 아래쪽 꽃잎이 주머니같이 생기고 식물 전체에 털이 많아 털복주머니란입니
ᅡ. 털개불알꽃이라고도 부릅니다. 설악산, 함백산을 비롯해 강원도 이북의 높은 산에서 드물
ᅦ 자랍니다. 지금은 토지 개발과 과도한 채취, 급격한 기후 변화 영향으로 멸종 위급 상태입
ᅵ다.

멸종 위기 식물이 집에도?

가정집에서 멸종 위기 식물을 기르는 모습을 본 적이 있습니다. 가정집에서도 키울 정도면 꽤 흔하다는 것인데 왜 멸종 위기라는 걸까 의문이 들었습니다. 알고 보니 판매되는 식물은 원예용으로 원종을 개량한 품종이었습니다. 모습은 같아도 야생에서 스스로 자라는 식물과는 유전적으로 다른 식물인 거죠.

언젠가 복원을 한다며 원예종을 심은 실수도 있었다고 합니다. 쉽게 구할 수 있는 원예종에 둘러싸여 살다 보면 실제 야생에서 자라는 멸종 위기 식물의 상황이 어떤지 놓치게 됩니다. 대부분 멸종 위기 식물은 번식이 어렵고 특정한 환경에서 자라기 때문에 서식지 환경에 변화가 생기면 쉽게 사라지고 맙니다. 당연히 야생 복원도 쉽지 않습니다.

오랜 시간 많은 사람이 노력한 끝에 증식에 성공한 멸종 위기 식물을 자생지에 옮겨 심는다는 기사를 접할 때가 있습니다. 그럴 때면 '아, 잘됐다! 이제 저 식물은 저곳에서 늘어나겠구나!' 싶지만 복원지에 옮겨 심은 식물이 나중에 어떻게 됐는지는 소식을 접하기가 힘듭니다. 불법 채취로 곧 사라지기 때문입니다. 그래서 요즘은 자생지 복원 소식을 기사로 내지 않는 경우도 많다고 합니다.

어느 시대건 희귀한 것을 소유하고 싶어 하는 사람이 있기 마련이라, 멸종 위기 식물을 사람이 접근하기 힘든 지역에 복원한다든가 보호 철책이나 감시 카메라를 설치하며 살펴야 하는 실정입니다. 멸종 위기종 보전 사업은 많은 사람이 관심을 가져야 하는 일이지만, 불법 채취 때문에 오히려 관심에서 멀어지는 것은 아닌지 안타깝습니다.

기억하다

기억한다는 것에는 전제 조건이 있습니다. 기억할 대상에 대한 정보가 머릿속에 있어야 한다는 것. 전혀 모르는 것을 기억한다는 것은 불가능하기 때문입니다. 결국 기억한다는 것은 어떤 존재를 인식한다는 의미입니다. 우리가 사라진 누군가를 기억함으로써 자신에게 남은 삶의 무게를 느끼는 것처럼, 지구에서 함께 살아가는 생명체로서 다른 생물을 기억하는 것은 유한한 생명에 대한 존중일지도 모릅니다. 기술이 발전한 만큼 커져 가는 무심함 속에서 빠른 속도로 사라지는 멸종 위기 생물의 시간을 붙잡으려면 기억이 필요합니다. 기억하고자 들여다보기 시작하면 그 대상은 기억으로만 남지 않을(사라지지 않을) 것입니다.

관심 갖다

멸종 위기 생물에 대한 글에는 반드시 '관심을 가져 달라'는 문구가 있습니다. 곰곰이 생각해 봤습니다. 관심을 가져 달라는 게 무슨 뜻인지, 이미 나는 관심이 있어 그 글을 읽고 있는데 여기서 나아가는 관심은 어떤 것인지. 그 생물을 더 자세히 알아야 한다는 뜻일까 싶어 책을 읽고 검색을 해서 정보를 더 얻어 봅니다. 생물 정보는 조금 더 알게 된 것 같지만 이런 행동이 그 생물에게 직접 도움이 되는 건지 의아합니다. 그렇다면 일상생활만으로도 몸이 고되지만 어떤 단체라도 들어가서 활동을 해야 하나 생각하다 환경 단체에 기부를 조금 해 봅니다. 적은 돈이지만 뭔가 도움이 되었을지도 모른다는 생각이 이제야 듭니다. 플라스틱 쓰레기로 지구가 힘들다 하니 플라스틱 쓰레기를 열심히 줄여 봅니다. 장바구니를 들고 휴대용 물병을 가방에 넣고 대중교통을 타고 냉난방을 줄여 봅니다. 이제 뭘 더 할 수 있을까요? 이렇게 해도 내 몸만 힘들고 멸종 위기 생물에게 도움이 된다는 생각은 그다지 들지 않는데 말입니다. 대중 매체에서는 안타깝다, 위기다, 우리 탓이다 자꾸 혼내는데 뭔가를 하면 할수록 마음만 더 답답해집니다.

모르는 척하다

멸종에 다가선 동물이 늘고 있다는 것을 우리는 느낄 수 있을까요? 원래 본 적도 없는 동물인데 없어진다고 해 봤자 솔직히 잘 와 닿지 않죠. 사실 책과 텔레비전, 컴퓨터에서는 원하면 언제든지 볼 수 있고 이런 세계에서 멸종이란 없으니까요.

어쩌면 이제 우리는 실제 호랑이를 (동물원에서) 보는 것보다 사진이나 그림, 디지털 이미지 등 편집된 콘텐츠로서 소비하는 것이 더 편한지도 모르겠습니다. 동물원 호랑이를 보고 있자면 처음에는 신기하다가도 뭔가 김이 빠지거나 모호한 죄책감 또는 불편함을 느끼게 되니까요(실제 야생 호랑이 숫자보다 사육장 호랑이 숫자가 많다는 것을 알면 더 불편하겠죠). 편집되고 과잉된 이미지를 소비하며 점점 실제 세계의 불편함에 무감각해져 갑니다.

요즘은 소비로 소통하는 시대입니다. 소비가 느는 만큼 당연히 쓰레기도 쌓여 갑니다. 그런데도 쓰레기가 눈에 보이면 불편하니까 잘 보이지 않는 곳으로 치워 버립니다. 그러면 마치 쓰레기가 존재하지 않는 것처럼 여길 수 있으니까요. 동물을 이용한 상품을 소비하지만 실제 야생 동물이 처한 상황도 쓰레기처럼 보이지 않는 곳에 치워 두니 무신경해질 수 있는 거겠죠.

궁금합니다. 매년 야생에서 생물을 관찰하며 그들이 사라지고 있는 것을 몸소 느끼는 사람과 지면과 화면, 상품으로만 야생 생물을 접하고 소비하는 사람 사이의 거리감은 얼마나 될까요?

좋아하다

동물을 좋아하는 사람은 정말 많습니다. 좋아한다는 말에 담긴 마음은 천차만별이라 같은 표현이지만 전혀 다른 뜻으로 쓰는지도 모릅니다. 동물을 좋아한다는 말이 누군가에게는 취향(생김새가 귀엽거나 특이해서 좋아한다)일 수 있고, 누군가에게는 지적 호기심(동물 생태를 알아 가는 것이 즐겁다)일 수 있고, 누군가에게는 삶(반려동물과 함께 살아간다)일 수 있고, 또 누군가에게는 가치관(아픈 동물을 치료하고 돌본다)일 수 있습니다. 그리고 여기서 말하는 동물은 반려동물, 가축, 야생 동물을 아우르며 대부분 인간 쓰임에 따라 삶이 결정됩니다. 우리나라에서는 야생 동물도 거의 그런 셈이죠.

한편, 우리가 동물을 좋아하는 것은 상징적인 일이기도 합니다. 실제 그 동물 자체를 좋아한다기보다는 우리가 동물에서 찾은 이미지, 이를테면 아름다움, 귀여움, 복슬복슬함, 보호해 주고 싶은 멍청함, 신비함, 용맹함 등을 좋아하는 거죠. 실제 동물이 우리가 바라본 이미지처럼 살지는 않으니까요.

호랑이는 우리나라 사람들이 좋아하는 대표 동물이지만 현실은 지역멸절 상태에 동물원 신세입니다. 사람들이 닭을 좋아한다고 하면 보통은 닭튀김을 좋아한다는 뜻이죠. 개를 좋아한다는 말에 개를 잘 돌본다는 뜻은 포함되지 않습니다. 그러니까 동물을 좋아한다는 '말'만으로는 실체를 파악하기 힘듭니다. '행동'을 봐야 어떤 의미로 동물을 좋아하는지를 알 수 있습니다.

선택하다

우리는 동물 학대와 보호를 쉽게 구분할 수 있을 것 같지만 사실 그렇지 않습니다. 우리가 먹고 쓰는 상품을 만드는 과정에서 많은 동물이 희생되고 있으니까요. 특히 상품으로 길러지는 모든 가축에게 이미 죽는 시점이 정해진 상태에서 새끼를 낳고 고기와 가죽을 부풀리는 것 말고 생명으로서 주어진 삶은 없습니다.

애완동물도 마찬가지지요. 반려동물이라며 그럴듯한 말로 바꿔 부르지만 늙고 병들어 죽을 때까지 애완동물을 잘 보살펴 주는 사람은 그리 많지 않습니다. 인간이 개입한 동물의 삶에는 선택이 존재하지 않습니다. 이런 동물의 삶에 지워진 고통을 조금이라도 덜어 주고자 동물 복지라는 개념이 등장했습니다.

동물 복지는 시대 흐름과 함께하는 개념입니다. 시대가 변하면서 사람들은 그동안 물건처럼 여겨왔던 동물의 삶을 들여다보기 시작하고, 사는 동안 동물이 느끼는 고통에 공감하기 시작했습니다. 동물 복지라고 해도 그 시작과 끝을 인간이 정한다는 점에는 변함이 없습니다. 하지만 동물이 '삶'이라고 부르는 시간을 조금이나마 덜 고통스럽게 보내는 데에는 도움이 되는 개념이라 확신합니다.

물론 동물 복지도 반려동물처럼 허울 좋은 말뿐이라는 의견도 있습니다. 정말 동물을 생각한다면 아예 소비하지 말아야 한다며, 위선이고 가식이라 비판합니다. 우리는 모두 살아 있는 동안은 고통을 느낍니다. 이미 삶이 끝난 동물이 남긴 것을 소비하는 것에 고통은 없습니다. 동물이 고통스러워하는 걸 알면서도 그대로 두는 것과 덜 고통스럽게 하는 것, 우리는 그걸 선택할 수 있고 동물 복지의 핵심은 바로 이 선택에 있지 않을까요?

생태계 다양성을 생각해 야생에서 거의 사라진 동물을 인위적으로 늘린 다음 야생에서 스스로 적응해 살 수 있도록 하는 것이 복원입니다. 아이러니하지만 야생에서 자유롭게 사는 동물이 늘어나는 만큼 사육장에 갇혀 지내는 동물도 더불어 늘어납니다. 번식을 위해, 유전자 다양성 연구를 위해 혹은 야생에 적응하지 못해 사육장 신세가 됩니다. 야생동물도, 애완동물도, 가축도 아닌 동물로 말이죠.

동물원은 동물을 보호하는 곳이기도 하지만 고통스럽게 하는 곳이기도 합니다. 재정이 넉넉하지 않거나 돈벌이에만 급급한 동물원에서는 동물 학대가 발생하죠. 좁은 공간에 갇혀 고통받는 동물을 우리는 꼭 봐야만 할까요? 이런 동물을 보는 것이 과연 학습인지, 이런 학습으로 얻을 수 있는 것은 무엇인지 진지하게 고민해야 합니다.

우리는 자본주의를 방패 삼아 동물이 살아갈 터전을 마음껏 헤집은 채, 온 지구에 있는 야생 동물보다 많은 가축을 거느리며 풍족하고 편하게 살고 있습니다. 그러면서 동물을 보호해야 한다고 외치는 모습은 모순을 넘어 스스로를 기만하는 자아 분열 같아 보이기도 합니다. 무언가 잘못된 것 같지만 정작 내가 할 수 있는 일은 없는 것 같아 무기력해집니다.

우리는 이런 모순 속에 살고 있지만, 모순이라 느끼는 많은 것을 명확하게 설명하기는 힘듭니다. 그러니 스스로 모순적이라 너무 괴로워할 필요는 없지 않을까요? 다만, 내가 생각하는 세상은 어땠으면 좋겠다는 방향성 정도는 간직하면 좋겠습니다. 각자가 정한 방향대로 생각하고 행동하되 큰 틀에서는 나와 지구에서 함께 살아가는 모든 이웃에게 도움이 되는 방향으로 나아간다면, 지금보다는 다양한 생태계, 사회를 만들 수 있으리라 생각합니다.

빈곤하다

내가 안정감을 느끼는 '자연'이란 어떤 곳일까 생각해 봅니다. 도감에서 쉽게 확인할 수 있는 몇 가지 풀과 나무가 나를 위협하지 않을 정도로 정돈되어 있고, 내가 걸을 수 있는 바닥과 그 주변이 나뉘어 있고, 계절마다 새를 흔히 볼 수 있으며 벌레소리를 배경음악처럼 들을 수 있는 곳. 바로 공원, 등산로, 산책로, 농경지, 바닷가 또는 자연 관광지 등입니다.

이런 곳에 멸종 위기 생물이 없다 한들 하나 이상할 것이 없습니다. 그러니까 제게 익숙한 자연은 그저 '풍경'일 뿐 생물 다양성이 깃든 생태계는 아니었던 거지요. 풍경으로서만 자연을 바라보면 생물 다양성을 찾을 수 없습니다. 자연 속을 한껏, 깊숙이 들여다봐야지만 그 속에 사는 무수한 생물과 그들이 사는 세상을 알 수 있습니다.

그런데 자연을 이렇게 가난한 시선으로 바라보는 것은 저뿐만이 아닌가 봅니다. 풀이 마구잡이로 자라고 돌과 흙이 아무렇게나 널브러진 곳이 있으면 반듯하게 정리해 사람들이 좋아하는 몇몇 종류 식물만 심고, 벤치를 놓는 일이 흔하니까요. 자연이 지닌 다양성을 밀어 버리고 사람에게만 유용한 공간으로 만들어 놓고서는 환경이 깨끗하고 예뻐졌다며 반깁니다.

원래 자연 속에 가득한 다양성을 굳이 없고 획일적인 모습으로 만듭니다. 이 과정에서 많은 생물이 사라지고요. 우리는 물질은 풍족하다 못해 넘쳐 나는 세상에 살고 있으면서 정작 자연에 대해서는 왜 이렇게 빈곤함을 추구하게 되었을까요?

즐기다

점점 가난해지는 자연을 보며 문득 궁금해집니다. 자연에서 논다는 것은 무엇을 말하는 걸까요? 그러니까 대다수 평범한 사람들이 자연에서 노는 방법은 어떤 걸까요? 제가 사는 동네에 하나 있는 산 밑 냇가에는 주말마다 아이들과 부모가 함께 나와 시간을 보냅니다. 냇가 옆 땅을 파서 흙을 쌓아 물을 막고, 무선 장난감 자동차로 물길을 달려 보기도 하고, 주변 식물을 뽑아 물가에 심기도 하고, 나뭇잎 달린 나뭇가지를 꺾어 모으기도 합니다.

그런데 그곳은 도롱뇽이 알을 낳는 곳입니다. 사람들이 노는 뒤쪽으로 "알을 채집하지 마세요"라는 현수막도 붙어 있죠. 모두 떠나고 난 후 잔뜩 어지럽혀진 냇가에는 꼭 썩지 않는 쓰레기도 덩그러니 남아 있습니다.

가만 생각해 보면 공원 같은 곳에서는 그렇게 놀지 않습니다. 나뭇가지, 꽃 하나도 함부로 꺾지 않습니다. 부모는 아이에게 그러면 안 된다고 가르칩니다. 그런데 조금 이상하게도 생물 다양성을 품은 진짜 자연에서는 꽃이나 나뭇가지를 꺾는 행동이 자연을 즐기는 행동쯤으로 받아들여지는 듯합니다. 이미 많이 가난해진 자연은 이런 작은 행동에도 상처받을지 모릅니다. 냇가의 도롱뇽처럼요.

존중하다

태어남과 죽음 사이에 '생명'이 있고 '삶'이 있습니다. 지구 어디에서 어떤 모습을 하고 있건 모든 생물은 생명을 가지고 삶을 살아갑니다. 인간을 비롯한 많은 생물은 살아가고자 다른 생명을 필요로 합니다. 누군가의 생명을 끊고 누군가는 삶을 유지하면서 세상은 돌아가는 셈입니다. 내 생명은 다른 생명으로 유지되니, 내 생명이 소중한 만큼 다른 생명도 소중합니다. 각각 소중한 생명으로서 서로를 소중히 여기는 동지 의식, 그게 바로 존중하는 마음이 아닐까 합니다.

그런데 과연 지금 우리는 우리를 지탱해 주는 다른 생명을 존중하고 있을까요? 자본주의 사회에서 생명은 이미 상품이 되어 버렸습니다. 모든 먹거리는 본래 생물의 생명성을 걷어 내고 포장된 채 팔립니다. 다른 생활용품도 마찬가지입니다. 값을 치르고 상품을 구매할 뿐이므로 생명 존중은 생각할 틈이 없습니다. 이미 상품이 된 것에서 생명성이 느껴지면 오히려 불편해하죠. 그저 값으로 매겨지는 쓸모만을 따지다 보면 세상은 쓸모와 무쓸모로 나뉘어 보일 뿐입니다. 그러니 다른 생물이나 타인의 고통은 인식할 수가 없죠. 요즘처럼 모든 것이 빠르게 바뀌는 세상에서는 더욱 그렇습니다.

우리는 빠르게 돌아가는 세상에 살고 있지만 다른 생물은 그렇지 않습니다. 우리가 수고롭게 이루어 낸 빠름이 시간을 들여 닦아야 빛나는 많은 것을 가치 없게 하거나 사라지게 하고 있습니다. 지금 사라져 가는 멸종 위기 생물을 기억하려면 느린 속도로 살아가는 생명이 있다는 것을 인식하고 우리 속도를 조절해야 합니다. 빠른 세상 속에서 느린 세상을 기억하기란 힘드니까요.

우리가 저마다 자신만의 속도를 찾고 그에 맞춰 살아가야지만 비로소 다른 생물도 배려할 수 있습니다. 서로 속도에 맞춰 함께 살아간다는 것이 무엇을 뜻하는지 고민할 때 서로의 고통을 보듬는 동지 의식인 '존중'도 자리 잡을 수 있습니다. 또한 그래야만 우리도 다른 존재의 고통을 느끼지 못하고 하찮게 여기다 결국 스스로마저 하찮게 여기는 존재가 되지 않을 수 있습니다.

‖ 모 아 보 기 ‖

반달가슴곰

대륙사슴

사향노루

산양

수달

붉은박쥐

작은관코박쥐

여우

늑대

스라소니

표범

호랑이

크낙새

넓적부리도요

청다리도요사촌

호사비오리

혹고니

노랑부리백로

두루미

저어새

먹황새

황새

매

검독수리

참수리

흰꼬리수리

수원청개구리

비바리뱀

감돌고기

모래주사

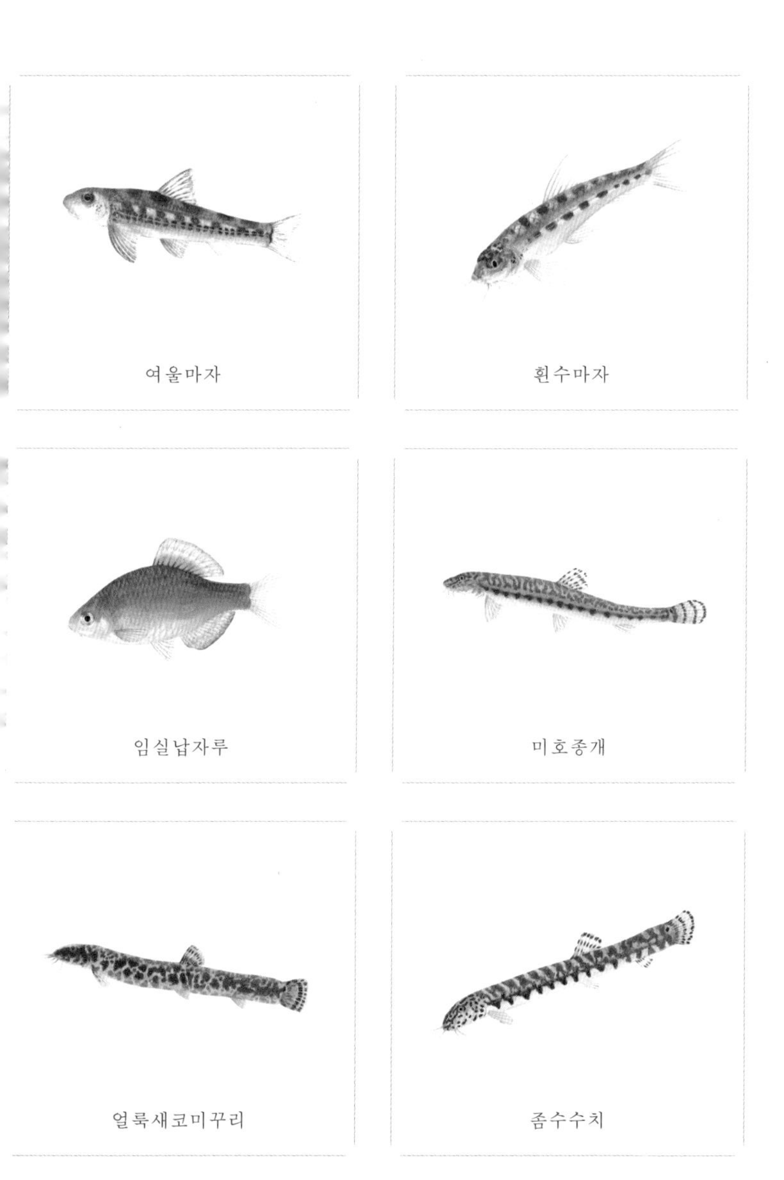
여울마자
흰수마자
임실납자루
미호종개
얼룩새코미꾸리
좀수수치

꼬치동자개
남방동사리
퉁사리
남방방게
나팔고둥
귀이빨대칭이

두드럭조개

붉은점모시나비

산굴뚝나비

상제나비

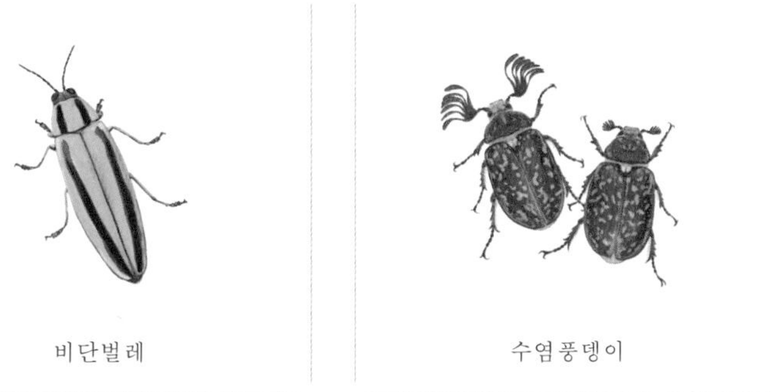
비단벌레

수염풍뎅이

장수하늘소

만년콩

한라솜다리

암매

금자란

비자란

나도풍란

풍란

죽백란

한란

광릉요강꽃

털복주머니란

지은이 **방윤희**

학교에서 만화예술을 공부했고 지금은 일러스트레이터로 일합니다.
주로 그림을 그리며 지내고 가끔씩 동네를 산책하면서 새랑 곤충, 나무와 풀 등을 구경합니다.
새를 좋아하게 되면서 그림 그리는 것이 더 즐거워졌고 새를 둘러싼 자연에도 좀 더 관심이 생겼습니다.
작고 사소해 보이는 것을 들여다보고 그런 것에 대해 그림으로 이야기하고 싶습니다.
지은 책으로 『내가 새를 만나는 법』이 있습니다.

인스타그램 @chewingstreet

기억 도감 1

사라지지 말아요

펴낸날 2021년 10월 22일
지은이 방윤희

펴낸이 조영권
만든이 노인향, 백문기
꾸민이 ALL contents group

펴낸곳 자연과생태
주소 서울 마포구 신수로 25-32, 101(구수동)
전화 02) 701-7345~6 팩스 02) 701-7347
홈페이지 www.econature.co.kr
등록 제2007-000217호

ISBN 979-11-6450-040-6 03470

방윤희 ⓒ 2021

• 이 책의 일부나 전부를 다른 곳에 쓰려면
반드시 저작권자와 자연과생태 모두에게 동의를 받아야 합니다.
• 잘못된 책은 책을 산 곳에서 바꾸어 줍니다.